职业教育物联网应用技术专业改革创新教材

U0193374

物联网编程与应用
（基础篇）

主　编　林中海

副主编　王恒心　何凤梅

参　编　张敬祥　戴斌斌　陈少连

　　　　陈　锐　董跃江

机械工业出版社

本书按照案例教学的方式，模拟物联网上位机应用开发的情境，深入浅出地介绍了C#编程的方法以及Android软件的应用开发。

　　本书对知识点进行了精心的安排，适合零编程基础人群，案例简洁，代码结构清晰，关键代码均有注释或解释，可读性强。本书所有项目均可上机调试，源代码丰富，可满足读者实训学习、动手操练的需要。全书通过多个项目分别介绍了智能家居上位机仿真软件、物联网网络拓扑图、智能家居游戏组件、移动应用程序等教学内容。

　　本书可作为各职业学校物联网应用技术及计算机相关专业的教材，也可供培训机构的学习者使用。

　　本书提供与教材配套的电子课件，读者可登录机械工业出版社教育服务网（www.cmpedn.com）免费注册下载，或联系编辑（010-88379194）咨询。

图书在版编目（CIP）数据

物联网编程与应用. 基础篇/林中海主编. —北京：机械工业出版社，2016.1（2021.1重印）
职业教育物联网应用技术专业改革创新教材
ISBN 978-7-111-52669-8

Ⅰ. ①物… Ⅱ. ①林… Ⅲ. ①互联网络—应用—中等专业学校—教材②智能技术—应用—中等专业学校—教材 Ⅳ. ①TP393.4 ②TP18

中国版本图书馆CIP数据核字（2016）第001569号

机械工业出版社（北京市百万庄大街22号　邮政编码100037）
策划编辑：梁　伟　责任编辑：蔡　岩
责任校对：马丽婷　封面设计：鞠　杨
责任印制：常天培
涿州市般润文化传播有限公司印刷
2021年1月第1版第4次印刷
184mm×260mm · 14.25印张 · 360千字
标准书号：ISBN 978-7-111-52669-8
定价：42.00元

电话服务

网络服务

客服电话：010-88361066
　　　　　010-88379833
　　　　　010-68326294

机 工 官 网：www.cmpbook.com
机 工 官 博：weibo.com/cmp1952
金 书 网：www.golden-book.com

封底无防伪标均为盗版

机工教育服务网：www.cmpedu.com

物联网是新一代信息网络技术的高度集成和综合运用，是新一轮产业革命的重要方向和推动力量，对于培育新的经济增长点、推动产业结构转型升级、提升社会管理和公共服务的效率和水平具有重要意义。

物联网专业的培养目标既要考虑社会企业对人才的需求，也要考虑中职生的特点，应该注重学生对物联网设备和软件应用的创新及改造，对物联网硬件设备的特点有较多的了解，熟悉软件的操作与简单设计，有能力对相关应用进行二次开发。

C#是微软公司发布的一种面向对象的、运行于.NET Framework之上的高级程序设计语言，是物联网上位机软件开发的最主要的程序设计语言。虽然这方面的相关书籍非常多，但能结合物联网应用，适应中职教学的却很少，本书就是为此而编写的。

● 本书内容

全书按照项目案例教学的方式，模拟物联网应用开发的情境，介绍了4个物联网应用项目，依次为设计智能家居上位机仿真软件、绘制物联网网络拓扑图、开发智能家居游戏组件、开发移动应用程序。本书涉及可视化编程入门、C#编程基础、简单图形编程、算法基础、网络编程基础以及简单的Android软件开发等教学内容。除Android软件开发项目相对独立外，前三个项目之间相互关联，内容由浅入深、循序渐进，注重层次性和实践性。

● 教学建议

教学内容	学 时
项目1 设计智能家居上位机仿真软件	22
项目2 绘制物联网网络拓扑图	12
项目3 开发智能家居游戏组件	20
项目4 开发移动应用程序	8

● 编者与致谢

本书由林中海任主编，并进行全书统稿，王恒心、何凤梅任副主编。参与本书编写的还有张敬祥、戴斌斌、陈少连、陈锐、董跃江。其中项目1由林中海、何凤梅编写；项目2由王恒心、戴斌斌编写；项目3由张敬祥、陈少连、董跃江编写；项目4由林中海、陈锐编写。

由于编者水平有限，加上物联网技术发展日新月异，书中难免存在错误或疏漏之处，敬请广大读者批评指正。

编 者

目录 CONTENTS

CONTENTS 目录

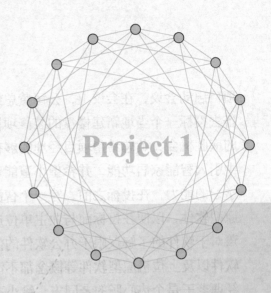

Project 1

项目1
设计智能家居上位机仿真软件

项目概述

　　本项目从软件开发流程的介绍开始，通过完成一个上位机仿真软件项目，了解窗体、控件、属性、事件、方法等面向对象的编程概念，熟悉Visual Studio C# 2010的开发环境，掌握C#编程语言的简单语法，学会使用Visual Studio C# 2010中的常用控件。

　　本项目共分9个任务，分别是分析智能家居上位机原型软件、设计封面、设计主界面、设计灯光控制、设计监控界面、设计家电控制界面、设计家庭财务管理、设计系统设置界面、设计家庭日程备忘录。这9个任务由浅入深，逐步带领读者领略Visual Studio C# 2010的可视化编程开发，了解程序设计的基本步骤和软件开发的基本思想。

项目情景

　　小董为某职业学校在校生，暑假期间通过努力，进入了当地的某物联网公司实习，上班一个星期后突然接到公司办公室的通知，要求与上司老王参加一个

项目启动会议，在会议上，公司黄总经理介绍说，准备去投标一个当地新建楼盘的装修项目，为了有足够的取胜机会，黄总希望项目经理能够在新楼盘的装修中引入智能家居功能，并希望小董能发挥积极探索和学习的能力，在投标之前，写一个智能家居的上位机原型软件，以便在投标前与业主单位进行沟通。而小董对于软件的了解仅限于办公软件的使用，对于开发软件以及上位机原型软件等概念都不清楚，幸好项目经理老王是个热心肠的老同志，给小董一些相关的学习资料，以及一些学习开发软件的建议，希望小董能从学习软件知识、安装软件以及开发环境等着手，逐步了解软件开发流程。

学习目标

知识目标

1）了解软件开发的基本流程。

2）了解Visual Studio C# 2010开发环境的使用。

3）理解面向对象编程中的属性、事件、方法。

4）掌握赋值语句、事件过程的使用。

5）熟悉窗体、标签、按钮、进度条、复选框、单选按钮、列表框、图片框等控件的使用。

6）掌握分支语句、循环语句的使用。

技能目标

1）培养阅读科技类书籍的习惯。

2）培养软件开发的模仿能力。

情感目标

1）培养软件开发的创新精神。

2）培养耐心、细心的编程品质。

任务1　分析智能家居上位机原型软件

任务描述

首先，在项目经理老王的提醒下，小董通过上网学习，了解到原型软件是指软件开发的前期工作，不需要实现真正的软件功能，但能模拟完成一些软件的界面功能，以便在项目团队中以及开发人员与用户之间进行沟通。

其次，在项目经理的帮助下，小董认识到，开发软件需要更加深入地了解软件的含义，软件源代码与可执行文件的区别。

最后，项目经理还推荐了一款Microsoft（微软）公司开发的软件套件Visual Studio 2010套件（简称VS2010），希望小董能认真学习其中组件之一——Visual Studio C# 2010软件开发知识。

任务分析

根据任务描述，需要了解软件的定义，学习开发软件的基本流程，归纳软件的共同特点，理解软件源代码与可执行文件的区别等知识，才能更好地完成任务。

另外，一个智能家居所需要的软件功能也是需要掌握的内容，虽然目前可以参考的软件系统不多，但通过网络搜索还是能概括出一些目前比较流行的软件功能。

任务实施

1. 打开并观察以下软件的特点

请试着打开Windows操作系统中的计算器和记事本应用程序，在Windows 7操作系统中，可能会看到如图1-1和如图1-2所示的计算机软件运行效果。

图1-1　计算器软件

图1-2　记事本软件

温馨提示

运行同样的软件，不同的软件版本，运行后的界面及效果也可能会不尽相同，同样的软件版本在不同的计算机上运行后的效果也可能不一样，因为软件中的颜色、风格等设置会与系统中的环境设置有关。

请再试着打开本书配套资源中的素材中的秒表和拼图游戏软件（路径：\素材整理\项目

1\任务1\VB编写的应用），如图1-3和图1-4所示，这两个应用软件都是通过Visual Basic编程语言编写的。

图1-3 秒表演示软件

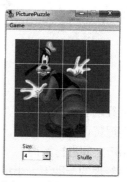

图1-4 拼图游戏软件

图1-5和图1-6所示的程序为C#编程工具编写的物联网应用程序软件截图（路径：\素材整理\项目1\任务1\C#编写的应用）。通过观察这些软件的截图，结合使用过其他软件的感受，不难发现，软件运行后一般具有一个呈方形且带有边框的画面，画面上方一般会有一个标题栏，具有拖动、最大化、最小化及关闭等功能，画面内部一般由图片、文字和各式各样的控件元素组成，控件元素还具有不同的颜色、大小、位置等属性。

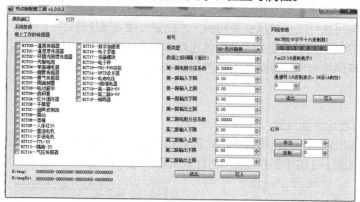

图1-5 物联网节点板配置工具软件

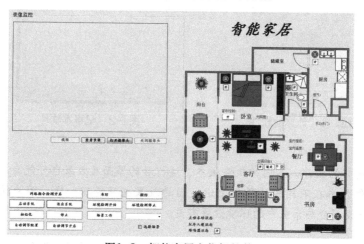

图1-6 智能家居上位机软件

2. 编译后的可执行文件与编译前的源代码文件的区别

使用记事本程序打开本书素材中的"Form1.cs"文件（路径：\素材整理\项目1\任务1\C#源代码项目\智能家居上位机软件\testIOT），如图1-7所示，可以看到它由很多字符组成，这些字符就是编程人员通过工具和编程规则编写的代码，称为源代码，这些代码由英语单词组成，排列规则，可以通过文本编辑工具修改并编译成最终的可执行文件。图1-8所示为此应用程序编译后的"testIOT.exe"可执行文件（路径：\素材整理\项目1\任务1\C#源代码项目\智能家居上位机软件\testIOT\bin\Debug），通过记事本程序强制打开后，可以看到中间掺杂有许多"乱码"，无法理解其中含义也不能对其进行修改再编译等，这些内容内部由二进制编码组成，只能被计算机认识。

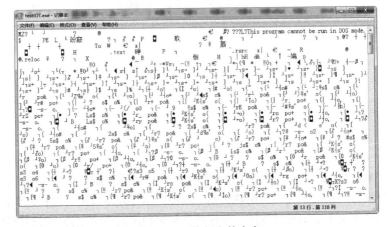

图1-7 源代码文件内容

图1-8 可执行文件内容

3. 智能家居上位机所需功能

智能家居是针对住宅的物联网应用，利用物联网技术智能感知家居环境，有效控制家电等系统，常见的模块有照明系统、窗帘控制、空调控制、安防系统、数字影院系统、环境监测等。

上位机软件需要软件启动界面、主界面、各功能模块、系统设置等，如图1-9和图1-10所示。

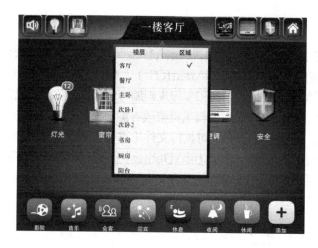

图1-9　某智能家居上位机界面1

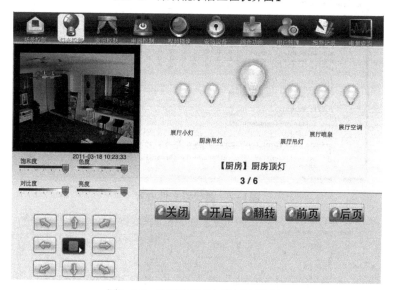

图1-10　某智能家居上位机界面2

必备知识

1. 软件的定义

软件（Software）是一系列按照特定顺序组织的计算机数据和指令的集合。一般来讲软件被划分为编译软件、系统软件、应用软件和中间件。软件并不只是可以在计算机（这里的计算机是指广义的计算机）上运行的程序，与这些计算机程序相关的文档一般也被认为是软件的一部分。简单地说，软件就是程序加文档的集合体。

2. 软件的特点

1）软件不同于硬件，它是计算机系统中的逻辑实体而不是物理实体，具有抽象性。

2）软件的生产不同于硬件，它没有明显的制作过程，一旦开发成功，可以大量复制同一内容的副本。

3）软件在运行过程中不会因为使用时间过长而出现磨损、老化以及用坏的问题。

4）软件的开发、运行在很大程度上依赖于计算机系统，受计算机系统的限制，在客观上出现了软件移植问题。

5）软件开发复杂性高，开发周期长，成本较大。

3. 软件开发的基本流程

软件的开发流程会因为不同的开发需要而不尽相同，正规的流程大致包括需求分析、概要设计、详细设计、编码、测试、软件交付、验收、软件维护等流程，而一些简单的应用程序可以简化流程，提高效率，一般包括系统分析、界面设计、编码和测试等流程即可。

4. C#开发环境的安装

Visual Studio C# 2010开发工具包含在微软开发工具包Visual Studio 2010中，可以将Visual Studio 2010安装在众多常见的Windows操作系统中，但为了安装顺利，推荐采用Windows 7及以上的操作系统，另外，计算机的性能对开发效率的影响也很大，应尽可能采用较高配置。

下面以在Windows 7操作系统中安装Visual Studio 2010旗舰版为例进行说明。

首先找到并运行本书配套资源包中的Setup.exe文件，出现如图1-11所示的界面时单击"安装Microsoft Visual Studio 2010"，将会出现如图1-12所示的界面，选择"我已阅读并接受许可条款"后再单击"下一步"按钮。

图1-11 Visual Studio 2010 安装程序

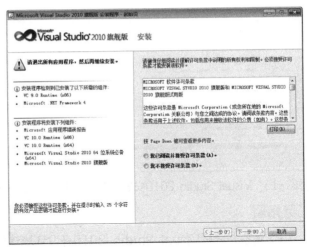

图1-12 Visual Studio 2010安装程序起始页

在如图1-13所示的界面上，可以选择"完全"选项，安装Visual Studio 2010的所有组件，也可以选择"自定义"选项，但在如图1-14所示的界面上则应选中Visual C#功能，其他功能视需要选择。

温馨提示

建议初学者选择完全安装，这样使用时不易出现不可预料的错误。资深人员应该选择尽可能少的组件和功能，以减少软件对系统性能的影响。

安装过程非常简单，如图1-15所示，安装程序将自动进行安装，直到出现如图1-16所示的安装程序完成页，说明安装已经完成了。如果有MSDN光盘，还可以继续安装文档，以

项目 1

项目 2

项目 3

项目 4

附录

参考文献

获取最权威最全面的帮助信息（MSDN也可以通过网络访问http://msdn.microsoft.com/library/，以获取最新的技术文档）。

图1-13 Visual Studio 2010安装程序选项页（1） 图1-14 Visual Studio 2010安装程序选项页（2）

 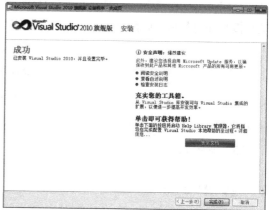

图1-15 Visual Studio 2010安装程序安装页 图1-16 Visual Studio 2010安装程序完成页

任务拓展

1）观察并分析Visual Studio 2010开发环境软件的特点。

2）请在计算机中再找一款软件，并分析它的特点。

任务2　设计封面

任务描述

　　小董的项目经理老王在得知小董已经安装好Visual Studio 2010开发工具软件之后，希望小董能尽快试试这个新工具来开发物联网上位机仿真软件，从一个软件的启动画面开始制作，并强调本次智能家居仿真软件启动画面要体现智能家居的特色，而且需要展示公司的形象。

任务分析

通过任务1中的软件欣赏，结合平时使用软件的经验，不难发现，很多软件都在程序启动时、正式使用之前会出现一个启动画面，这是因为软件启动时有许多文件需要从硬盘之类的外部存储设备加载到内存中，越是大型的软件花费的时间会越长，启动过程中屏幕不显示画面会让用户以为软件还没开始启动，有些人会不停地重复执行软件，甚至会认为计算机已经死机了。所以设计良好的软件，一般会在软件启动时快速显示一个启动界面，这个启动界面除了告知用户软件正在启动，还可以让用户知道这个软件的一些版权、版本信息，界面上的图标也可以采用软件或公司的Logo，有助于提高公司形象，另外有些软件的启动界面还会加入一些启动进度信息，如Adobe Photoshop软件，启动时可以了解到当前正在加载什么文件以及加载的进度。这样的界面类似书本的封面，称为软件封面。

观察图1-17和图1-18所示的两个软件的启动界面，来分析一下，软件封面包含哪些要素。

图1-17　Microsoft Word 2003启动画面

图1-18　南京市基础地理信息系统启动画面

从图1-17、图1-18中可以发现，软件封面都是一个矩形的画面（有时也会有些不规则的窗体），画面上往往有背景图，还有标志图标、版权信息、注册用户、软件版本号等信息。软件封面设计一般追求简洁、明了、清新的视觉效果，背景最好还能体现软件的一些特点，暗示软件的基本功能。

任务实施

　　1.　创建C#项目

由于开发软件会产生许多个文件，软件开发会遵循工程管理的思想，将一个软件开发中的所有文件放在一起形成项目，有时一些大型的软件可能还需要多个项目组合在一起形成解决方案。

（1）启动C#开发环境Microsoft Visual Studio 2010（简称VS 2010）

在桌面上找到并双击如图1-19所示的图标或者在Windows开始菜单中找到并单击桌面上如图1-20所示的快捷图标。

很快就会在屏幕上显示如图1-21所示的Visual Studio 2010的启动欢迎界面，之后就会打开如图1-22所示的Visual Studio 2010启始页。

图1-19　Visual Studio
快捷方式图标

（2）创建新项目

鼠标单击启动画面中的"新建项目"，将会弹出如图1-23所示的"新建项目"窗口。在"新建项目"窗口中的"已安装的模板"中选择"Visual C#"，在中间的项目类型中选择"Windows窗体应用程序"。

根据需要改写项目名称、位置和解决方案名称，如图1-24所示。

图1-20　开始菜单中的Visual Studio图标

图1-21　Visual Studio启动界面

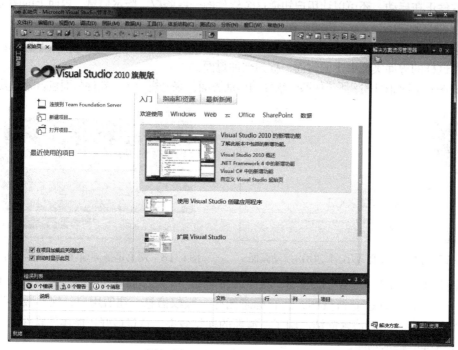

图1-22　Visual Studio起始页

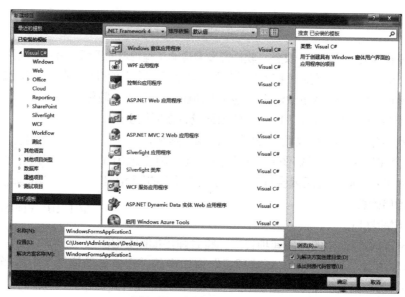

图1-23　新建C#应用程序

图1-24　新建项目名称和位置

温馨提示

位置尽量避免使用默认路径，否则初学者不容易找到编写好的软件存放的位置。如果忘了更改，也可以在重启Visual Studio 2010之后，在"在最近使用的项目"中选择使用过的项目列表，并单击鼠标右键，在弹出的快捷菜单中选择"打开所在的文件夹"找到文件，如图1-25所示。

图1-25　打开项目所在的文件夹

（3）认识C#开发环境

项目创建成功后会进入窗体设计界面，如图1-26所示。系统已经默认生成"Form1"的窗体。

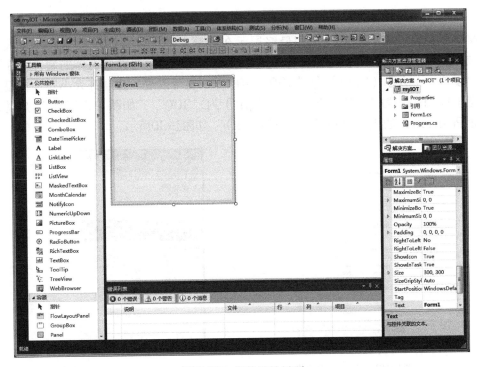

图1-26　窗体设计界面

在窗体设计界面上，大致可以看到由菜单、工具栏、工具箱、窗体设计器、错误列表、解决方案资源管理器、属性窗口等组成。

温馨提示

工具箱在开发窗体时是需要频繁使用的，如果不小心关闭了，可以通过单击最左边的工具箱按钮重新打开，如图1-27所示，如果这个按钮也不见了，可以通过菜单"视图"中的"工具箱"来打开，如图1-28所示。另外Visual Studio 2010开发环境是可以定制的，所有的小窗口都可以通过鼠标拖放重新放置在不同的地方，但不建议初学者随意调整。如果不小心弄乱了窗口布局，可以单击"窗口"菜单下的"重置窗口布局"来还原窗口的布局。

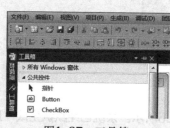

图1-27　工具箱

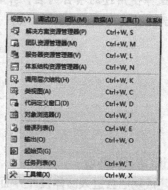

图1-28　打开工具箱中的菜单

2. 设置窗体的大小与启动位置

窗体就像是画布，是应用程序最终展示在屏幕上的区域，通过设置窗体的大小和启动位置，可以预见应用程序在屏幕上的大小和位置。这里可设置窗体的属性（在属性窗口中设置），大小（Size）为"500，300"，也可以进一步展开大小属性，设置子属性宽（Width）为"500"和高（Height）为"300"，如图1-29所示，启动位置（StartPosition）为屏幕中心（ScreenCenter），如图1-30所示。

图1-29　Size属性设置

图1-30　StartPosition属性设置

温馨提示

设置窗体的大小时所用的单位为像素，这也是平时在Windows桌面设置中所看到的如1024×768之类的像素单位，根据计算机屏幕分辨率的不同，同样大小的像素值所占用的屏幕比例会不同。

窗体启动位置（StartPosition）的参数共有5个，其含义见表1-1。

表1-1 StartPosition属性值及含义

属 性 值	含 义
CenterParent	窗体在其父窗体中居中
CenterScreen	窗体在当前显示窗口中居中，其尺寸在窗体大小中指定
Manual	窗体的位置由Location属性确定
WindowsDefaultBounds	窗体定位在Windows默认位置，其边界也由Windows默认决定
WindowsDefaultLocation	窗体定位在Windows默认位置，其尺寸在窗体大小中指定

3. 设置窗体的标题、图标的设置

虽然启动窗体一般是没有标题栏的，但由于目前还没有编写代码，直接去掉标题栏会导致运行后无法关闭程序，因此这个工作下节课来完成，那么标题的设置可以通过窗体的Text属性来设置。图标也是很重要的，它会在程序可执行文件图标和任务栏等地方出现，系统已经默认设置了一个图标，但一般为了让应用程序更具有个性，可以通过窗体的Icon属性来设置，如图1-31所示。

设置完成后单击工具栏上的运行按钮▶，运行调试程序，也可以直接按<F5>键运行，这时可以看到程序界面左上角的图标以及任务栏上的图标都会发生变化，如图1-32所示。

图1-31 Icon属性设置

图1-32　Icon属性设置后的效果

4. 设置窗体的背景

可以将事先处理好的背景图放到窗体中，背景以与程序主题相关为宜，窗体的背景可以通过窗体属性（BackgroundImage）来设置，点击修改属性值是会弹出"选择资源"向导对话框，如图1-33所示，单击向导中的"导入"按钮，在弹出的对话框中选择准备好的图片"背景1.jpg"即可（路径：\素材整理\项目1\任务2）。也可以自行设计图片，如果图像的大小事先没有按照窗体的大小来设计，可以通过设置背景图布局属性（BackgroundImageLayout）为"Stretch"，以拉伸方式适应窗体的大小，如图1-34所示。

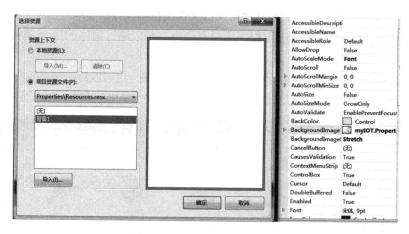

图1-33　图片资源管理向导

图1-34　设置背景后的效果

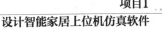

5．在窗体上增加文字说明

启动界面上的文字可以通过多个标签控件（Label）来实现，首先从工具箱中拖动Label标签图标到窗体上，如图1-35所示，设置Label标签的属性（Text），内容为"智慧生活，从物联启航！"，根据需要设置字体属性（Font）属性，调整字体的字形、大小等，通过设置前景色属性（ForeColor）和背景色属性（BackColor）来调整字体的颜色。设置完成后的结果如图1-36所示。

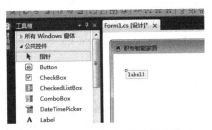

图1-35　添加Label控件到窗体上

图1-36　启动窗体设计效果

6．测试运行

程序编写完成后，需要观察运行的效果，单击工具栏上的运行按钮▶或者按<F5>快捷键可以直接在Visual Studio 2010环境中运行程序，如图1-37所示，效果与最终运行的效果相同，选择（Debug）模式运行还可以调试，后期会经常用到的，如果确认程序没有问题，可以运行发布（Release）模式。程序运行后设计界面上会有一把锁，如图1-38所示，表示现在处于锁定状态，内容不能更改，需单击"停止"按钮（停止调试）■，结束当前正在运行的程序才可以继续修改设计界面或源代码。

7．保存打包

最后，保存所有文件，将整个文件夹压缩，以备后期继续使用。

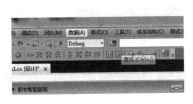

图1-37　启动按钮

图1-38　程序启动后的窗体设计器

必备知识

1. .NET概述

.NET是微软的新一代技术平台，为敏捷商务构建互联互通的应用系统，这些系统是基于标准的、联通的、适应变化的、稳定的和高性能的。从技术的角度，.NET应用是运行于.NET Framework之上的应用程序。（更精确地说，一个.NET应用是一个使用.NET Framework类库来编写，并运行于公共语言运行时Common Language Runtime之上的应用程序。）.NET是基于Windows操作系统运行的操作平台，应用于互联网的分布式。Visual Studio 2010可支持.NET Framework 4.0。

2. .NET程序编译原理

.NET代码通过编译器编译成MSIL（Microsoft Intermediate Language微软中间语言），MSIL遵循通用的语言（CLR公共语言运行时），CPU不需要了解它，再通过JIT（即时编译）编译器编译成相应的操作系统代码。也就是说，用C#编写的代码经过编译生成的.EXE可执行文件不是最终的直接能在操作系统上执行的文件，它是一种中间代码，然后需要在安装有.NET Framework的系统中即时编译并执行。

3. Visual Studio C# 2010编程环境

Visual Studio C# 2010集成开发环境（IDE）的功能是非常丰富的，如图1-39所示的画面只是普通的初始界面，根据需要还可以打开更多的窗口，如以后经常使用的代码窗口，如图1-40所示，以及资源选择窗口，如图1-41所示。

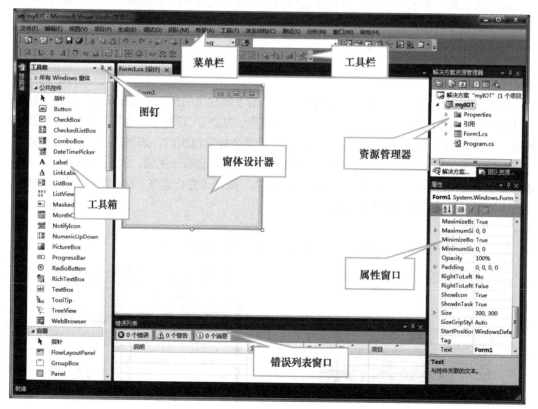

图1-39　C#编程集成环境（IDE）

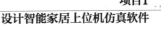

（1）菜单栏

菜单栏包含丰富的菜单项，通过菜单项能实现程序开发中绝大部分的功能。菜单会随着不同项目和不同类型文件的变化而动态地发生变化。

（2）工具栏

工具栏上包含了常见命令的快捷按钮，单击快捷按钮能执行相应的操作。工具栏也是智能变化的，它会随着当前任务的不同自动调整和改变命名按钮。

图1-40　代码窗口

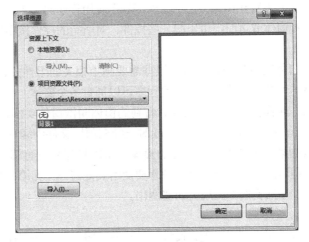

图1-41　资源选择窗口

（3）窗体设计器

窗体设计器是可见即所得的，除了一些辅助网格、选择边框之类的图形不会在运行时出现外，其他的图形基本上会原样出现在最终的窗体上。

（4）代码编辑窗口

该窗口是编码人员必须熟练掌握的一个工具。在该窗口中主要用来输入、显示和编辑应用程序的代码。代码编辑器有以下几个特点。

1）智能缩进：自动为代码块设置合适的缩进量。

2）自动语法检测：编辑器会自动检查编程人员书写的代码是否符合语法格式，会在错误的语句下方划上红色的波浪线，同时将错误显示在错误列表窗口中。

3）自动列出成员：当输入成员访问运算符"."时，会在列表中显示所有有效的成员，供编程者选择。

4）及时唤出：将光标定位在源代码某处，按<Ctrl+J>键，会及时唤出一个列表框，列表框中的内容与光标处的内容相同或最为接近，方便编程人员进行选择。

5）快速浏览信息：将光标指向某个对象、方法、变量或常量时，就会显示光标所指内容的类型、原型、内容值等。

（5）解决方案资源管理器

在Visual Studio C# 2010开发环境中，项目是一个应用程序的编程单位，项目中主要包含有类文件和其他的一些相关文件。一个解决方案是管理若干有一定联系的项目的单位，它是组织关联项目和文件的一种方式，能提供对项目和文件的快捷访问。

（6）属性窗口

属性窗口是Visual Studio C# 2010中一个重要的工具，在窗口中显示被选中对象的常用属性，并能通过该窗口对当前对象进行属性设置、事件管理等。

（7）错误列表窗口

在编写程序代码时，该窗口提供可供编程人员参考的错误等警告信息，双击错误列表中的条目可以快速定位错误位置。

（8）工具箱

在开发Windows应用程序、Web应用程序时，工具箱的使用频率将会非常高。工具箱提供可视窗体或页面中可用的一些控件，对所有的控件按用途并以列表的形式进行分类。

4. 窗体

窗体就像是画布，可以根据需要画上相关的组件并进行相应的排版，可视化编程都是从窗体的设置开始的，一个应用程序可以拥有多个窗体。在窗体设计器中完成的窗体其实是一个模板，叫作窗体类，而运行时看到的窗体叫做窗体实例，一个类可以生成多个实例，Visual Studio C# 2010项目在生成时已经在项目文件中编写将类实例化的代码，默认将系统自动生成的第一个窗体类作为启动窗体，所以看起来没有编写实例化代码窗体也是可以直接运行的，但以后有多个窗体时或者想要使用其他窗体作为第一个启动的窗体时就需要编写者编写代码手工生成实例，完成类的实例化。

5. 控件

控件是系统已经预先设计好的一些"组件"，是窗体上内容组织的最基本元素，不同的控件均有其不同的功能，控件也是类，但是将其从工具箱中拖动到窗体上时，系统会自动将其实例化，所以一般通过窗体设计器设计好的界面不需要特意实例化控件，除非一些特殊需要，如直接通过代码生成控件。

温馨提示

窗体和控件都是对数据和方法的封装，都有自己的属性、事件、方法，由于它们在开发时处于设计时态，因此不具有控件全部的交互等功能，只有在运行时态才会呈现全部功能。

6. 属性

属性是所有对象（如窗体、控件等）各自具有的特征，属性由属性名和属性值两个部分组成，表1-2为本节中用到的常见属性列表。

表1-2　常见属性列表

属 性 名 称	含　义
Name	设置窗体或控件的名称
Text	设置窗体或控件中显示的文本
Font	设置字体（字体、大小、字形等）
ForeColor	设置前景色
BackColor	设置背景色（Transparent透明）
TextAlign	设置文本的对齐方式

（续）

属 性 名 称	含 义
BackgroundImage	设置窗体或控件中显示的图形
BackgroundImageLayout	设置背景图布局样式
Icon	设置窗体的图标
StartPosition	确定窗体第一次出现的位置
Width	宽度
Height	高度

7. 项目文件

打开保存好的项目文件夹，可以发现有许多不同类型的文件，每个文件都有独特的用处。

1）解决方案：在开发应用程序时，要使用"解决方案"来管理构成应用程序的所有不同的文件".sln"。

2）项目文件：一个解决方案可能由多个项目组成".csproj"。

3）窗体文件：存储窗体上使用的所有控件对象、属性、事件过程及程序代码。窗体文件的扩展名是".Designer.cs"。

4）代码文件：存储运行所需要的源代码文本".cs"。

任务拓展

1）尝试用记事本程序强制打开所有的工程文件，熟悉各个文件的特点。

2）尝试上网搜索下载图标文件或自行设计图标文件导入项目中。

任务3 设计主界面

任务描述

项目经理对小董的启动封面比较满意，希望小董能再接再厉，在现有的项目基础上再制作另外一个窗体，当作此次仿真软件的主界面，考虑到上位机功能相对简单，以及方便今后移植到移动设备上，希望在主界面上提供"大图标"能切换到相关窗体。

任务分析

应用程序启动或者登录成功后，会有一个功能展示的集成界面，是应用程序的主要界面，也是使用软件最开始的地方，更是使用最频繁的界面，可以引导用户找到软件的使用功能。它与网站中的主页相似，称为主界面，主界面需要根据不同应用程序的特点设计简洁或复杂的界面，大型的软件往往包含大量功能，面对不同需求的用户，主界面有时候也是可以定制的。图1-42所示为复杂应用程序的主界面，图1-43所示为简单应用程序的主界面。

图1-42　Photoshop主界面

图1-43　某智能家居主界面

下面根据智能家居的基本功能，构思并制作"职专智能家居"主界面。

任务实施

1. 打开项目

完成一个项目往往需要比较长的时间，上一次没有完成但已经保存的项目可以重新打开并修改或添加新的内容。打开时可以采用先启动Visual Studio 2010，再根据启始页上的"打开项目"提示，找到需要打开的项目路径和项目文件即可打开项目。或者先找到项目文件，在项目文件夹中打开以".sln"为扩展名的文件，如图1-44所示，也可以启动Visual Studio 2010并打开项目。

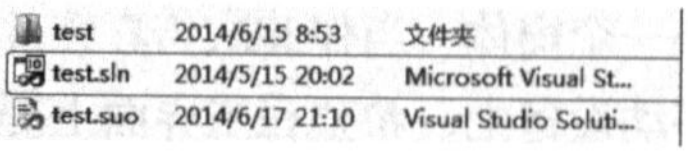

图1-44　项目文件中的.sln文件

2. 新建窗体

打开的项目中已经有启动窗体，需要再增加一个主窗体，方法如下，执行"项目"菜单中的"添加Windows窗体"命令，在弹出的"添加新项"对话框中，选中Visual C#以及Windows窗体，再单击"添加"按钮，如图1-45所示。也可以在解决方案管理器中的项目列表上单击鼠标右键，在弹出的快捷菜单中，选择"添加"命令，再选择"Windows窗体"命令，如图1-46所示。还可以直接按<Ctrl+Shift+A>组合键打开此对话框，再完成操作。

图1-45　添加新项

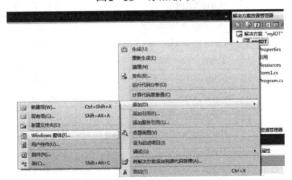

图1-46　在解决方案中添加新项

3. 设置窗体属性

设置Form2窗体的相关属性，见表1-3。

表1-3　Form2的属性设置

对象类型	对象名称	属　性	值
Form	Form2	Width	800
		Height	600
		Icon	Home.ico
		BackgroudImage	111.jpg
		StartPosition	CenterScreen
		Text	职专智能家居

属性设置完成后窗体效果如图1-47所示。

4. 添加主窗体元素

在主窗体上添加1个标签、6个按钮控件、1个链接标签，并分别设置属性，见表1-4，最终效果如图1-48所示。

图1-47　窗体属性设置完成后的效果

图1-48　控件添加并设置好属性的效果

表1-4　控件的属性设置列表

对象类型	对象名称	属性	值
Label	label1	Text	职专智能家居主控界面
Button	Button1	BackgroudImage	11.jpg
		BackgroudImageLayout	streth
		Text	情景控制
		Font	微软雅黑，15.75pt，style=Bold
		ForeColor	64，0，0
	Button2	BackgroudImage	22.jpg
		BackgroudImageLayout	streth
		Text	家电控制
		Font	微软雅黑，15.75pt，style=Bold
		ForeColor	64，0，0
	Button3	BackgroudImage	33.jpg
		BackgroudImageLayout	streth
		Text	感应控制
		Font	微软雅黑，15.75pt，style=Bold
		ForeColor	64，0，0
	Button4	BackgroudImage	44.jpg
		BackgroudImageLayout	streth
		Text	灯光控制
		Font	微软雅黑，15.75pt，style=Bold
		ForeColor	64，0，0
	Button5	BackgroudImage	55.jpg
		BackgroudImageLayout	streth
		Text	视频控制
		Font	微软雅黑，15.75pt，style=Bold
		ForeColor	64，0，0
	Button6	BackgroudImage	66.jpg
		BackgroudImageLayout	streth
		Text	系统设置
		Font	微软雅黑，15.75pt，style=Bold
		ForeColor	64，0，0
Linklabel	linklabel1	Text	关于

温馨提示

可以同时对多个对象进行属性设置，系统会自动计算相同的属性供用户修改。

控件的布局可以通过"捕捉线"或者布局工具栏中的相应功能来完成。

另外类似表1-4列出的属性仅为参考方案，读者可以根据需要自行更改属性值，但为了研究方便，初学时控件的名称最好不要随意更改。

5. 编写代码实现窗体切换

主界面窗体属性设置完成后，按<F5>键运行程序，会发现显示出来的仍然是启动窗体Form1的界面，需要修改和增加代码，使默认启动窗体为Form2，但在打开Form2之前又需要先启动Form1，用户双击Form1窗体，再进入主窗体。具体修改操作如下：

（1）修改应用程序主入口代码

双击解决方案中的Program.cs，打开代码编程器，找到如下语句：

Application.Run(new Form1());

将其修改为：

Application.Run(new Form2());

按<F5>键运行程序，将打开主界面，如图1-49所示，说明已经成功将启动窗体修改为Form2了。

图1-49　主窗体运行后的效果

温馨提示

如果先打开启动界面，再通过代码控制打开主界面，隐藏启动界面，实现起来看似简单了，但关闭主界面时却无法关闭应用程序，因为默认打开的窗体是启动窗体，而隐藏的窗体会继续运行。

（2）修改主界面代码

现在需要修改主界面Form2的窗体载入事件（Load）代码，以实现在窗体出现之前先显示Form1窗体。双击Form2窗体空白处，进入代码编辑器，并增加如下代码。

```
private  void Form2_Load(object sender, EventArgs e)
{
    Form form1 = new Form1();      //生成Form1窗体并赋值给form1窗体变量
    form1.ShowDialog();            //将窗体实例显示出来
}
```

温馨提示

　　C#语言中的代码对大小写敏感。也就是说，上面代码中的Form1和form1是两个完全不同的东西，在编写代码和阅读时需要特别注意。

　　此时若运行程序，第一个打开的窗体又变成启动窗体了。

（3）修改启动窗体代码

　　修改启动窗体代码，实现双击启动窗体后进入主界面。首先选中form1，在属性窗口中切换到事件（在属性窗口中单击⚡图标），再找到DoubleClick事件，如图1-50所示，双击事件名后面的空白处，自动切换到代码编程器，在{}中增加如下代码。

```
private  void Form1_DoubleClick_1(object sender, EventArgs e)
{
    this.Close();//关闭当前窗口
}
```

（4）去掉启动窗体边框

　　修改Form1的FormBorderStyle属性为"None"，如图1-51所示，以去掉启动窗体的边框。

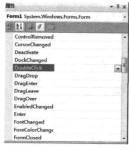

图1-50　设置窗体双击事件

图1-51　设置窗体FormBorderStyle属性

6. 测试运行

　　按<F5>键运行程序，首先打开启动窗体，如图1-52所示，双击启动窗体空白处，打开主界面，如图1-53所示，关闭主界面即可关闭应用程序。

图1-52　运行后的启动窗体效果

图1-53　主窗体运行后的最终效果

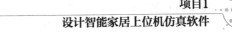

必备知识

1. 按钮控件

按钮控件（Button）允许用户通过鼠标单击来执行操作，既可以显示文本，也可以显示图像。当该控件被单击时，先被按下，然后被释放。按钮控件常用的属性和事件见表1-5。

表1-5 按钮的常见属性

Name	名　称
BackgroudImage	背景图
BackgroudImageLayout	背景图布局
Text	显示的文本内容
Font	字体
ForeColor	字体颜色

2. 标签控件

标签控件（Label）是最常用的控件，用于显示用户不需要编辑的文本，对窗体上各种控件进行标注或说明，虽然标签控件也支持事件，但通常不需要添加事件代码。标签控件常用的属性见表1-6。

表1-6 标签控件的常见属性

Name	名　称
Text	用来设置或返回标签控件中显示的文本信息
AutoSize	用来获取或设置一个值，指示是否自动调整控件大小以完整显示内容
BackColor	用来获取或设置控件的背景色。当该属性值设置为 Color.Transparent 时，标签将透明显示，即背景色不再显示出来
ForeColor	字体前景颜色，也就是标签字的颜色
BorderStyle	用来设置或返回边框的类型
Font	字体设置属性，可以设置字体类型、字号、是否加粗等
Visible	是否可见

3. 链接标签控件

链接标签控件（LinkLabel）可以向Windows窗体应用程序添加Web样式的链接，一切可以使用Label控件的地方都可以使用LinkLabel控件，它除了具有Label控件的所有属性外，还具有针对超链接和链接颜色的属性。LinkArea属性设置激活链接的文本区域。LinkColor、VisitedLinkColor和ActiveLinkColor属性设置链接的颜色。LinkClicked事件确定选择链接文本后将发生的操作。

4. 事件

Windows是事件驱动的操作系统，应用程序中窗体和控件都是通过事件来进行交互的，当用鼠标单击某个按钮时，系统就会捕获到这个事件，并将这个事件告知应用程序，让应用程序来决定如何处理。Windows能支持非常多的事件，但并不是所有的事件都需要处理，只有认为有必要的事件才会编写代码去响应，而响应这些事件的代码一般称为事件过程。常见的事件名称和意义见表1-7。

表1-7　常见事件

Click	单击事件	鼠标单击窗体或控件时发生的事件
DoubleClick	双击事件	鼠标双击窗体或控件时发生的事件
Load	载入事件	窗体载入到内存中的时候发生的事件
Activated	激活事件	窗体或控件被激活为当前对象时的事件
KeyPress	按键事件	发生按键事件
Paint	重绘事件	需要重绘窗体或控件的部分或全部时发生的事件

5. 语句

开发软件除了完善界面之外，更重要的工作就是编写代码，处理所有可能会发生的事件，通过一行行的语句，告诉计算机该做什么。当然语句就像是人类的语言，是有规则的，而且不同的程序设计语言会有不同的规则，也就是语法不同，C#语言形成的时间短，吸收了C语言和Visual Basic语言等众多语言的优点，是开发应用程序非常理想的程序设计语言，如下代码即为语句。

Form form1 = new Form1();

深入理解上述语句，目前来讲是有点困难的。其主要的意思是，在内存中生成以Form1类的实例，并将其实例句柄赋值给刚刚声明的窗体变量form1。项目2的任务3中将专门介绍此语句的含义，此处知道大概意思即可。

除了计算机能识别的语句外，很多时候编程人员需要在语句上加上注释，以方便他人和自己阅读和理解其含义，会加上一些注释语句，如上面的语句可以写成：

Form form1 = new Form1();//生成Form1窗体并赋值给form1窗体变量

这里"//"就代表注释的开始，表示从这以后的一行范围内是备注用的，不需要计算机处理。编译后的代码中也不存在注释内容，只存在于源代码中。除了"//"，还有块注释标志"/* ... */"，可以跨行说明注释标志"///"，注释以后可以自动生成说明文档，"#region...#endregion"折叠注释，可以将代码折叠。

6. 方法

方法是一种用于实现可以由对象或类执行的计算或操作的成员，其实是为达到某种目的而采取的途径、步骤、手段等，往往包含一系列语句的代码块，下述语句中就使用了窗体内部定义的方法。

form1.ShowDialog();　　　　　//将窗体实例显示出来

使用方法与使用属性相似，基本格式为"对象名.方法名()"。有些方法还会有返回值，可以使用变量来接受返回值，或者让其成为一个运算量参与某些运算。

7. 显示窗体

显示窗体可以有以下2种方法。

一是窗体显示为模式窗体，语句如下：

　　Form.ShowDialog();

一是窗体显示为无模式窗体，语句如下。

　　Form.Show();

创建无模式窗体后，它所显示的各个窗体、对话框是可以相互切换，而不需要关闭当前窗口、对话框。

创建模式窗体后，只能对新窗体操作，只有当建立的新窗口关闭之后，才能操作其他窗体。

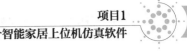
任务拓展

设计并完成情景控制窗体软件界面，效果如图1-54所示。

图1-54　情景设置界面效果

任务4　设计灯光控制

任务描述

小董在完成了软件封面和主界面之后，对于软件开发有了初步的认识，信心大增。项目经理希望小董能尽快完成一个灯光调节的界面，要求能对客厅中的7个灯光进行明暗控制，界面需要体现明暗值的展示，操作要简单，易于理解，能一次性全开、半开和全关所有灯光。另外再编写一个"关于"窗体，展示软件的版权信息。

任务分析

在智能家居系统中，可以通过上位机程序发送指令，开启或关闭灯光，还可以调节灯光的亮度，下面就制作一个灯光调节控制的界面，最终效果如图1-55所示。另外完成"关于"窗体，效果如图1-56所示。

图1-55　客厅灯光调节界面

图1-56　智能家居"关于"界面

任务实施

1. 打开项目

启动Visual Studio 2010，在起始页中单击"打开项目"，打开任务3中完成的项目。

2. 新建窗体

添加2个窗体，分别是form3和form4。

3. 设置窗体属性

设置窗体的相关属性，见表1-8。

表1-8　form3窗体的属性设置

对象类型	对象名称	属性	值
Form	form3	Width	500
		Height	600
		Icon	Home. ico
		BackgroudImage	772. jpg
		StartPosition	CenterScreen
		Text	灯光控制
	form4	Width	200
		Height	300
		Icon	Home. ico
		BackgroudImage	0774. jpg
		StartPosition	CenterScreen
		FormBorderStyle	FixedToolWindows
		Text	关于

设置完成窗体效果如图1-57、图1-58所示。

图1-57　灯光控件窗体设置

图1-58　"关于"窗体设置

4. 添加灯光控制窗体元素

在主窗体上添加8个标签、17个按钮控件、7个进度条，并分别设置属性，见表1-9。

表1-9　form3窗体上的控件属性设置

对 象 类 型	对 象 名 称	属　　性	值
Label	Label1	Text	客厅灯光调节
		Font	微软雅黑，18pt，style=Bold
		ForeColor	Purple
	Label2～8	Text	分别为：客厅灯光调节、左日光灯、右日光灯、彩色顶带灯、电视背景灯带、射灯、左台灯、右台灯
Button	button1～3	Text	分别为：全开、全半开、全关
	button4～10	Text	<<
		Width	40
		Height	23
	button11～17	Text	>>
		Width	40
		Height	23
ProgressBar	progressBar1～7	Width	342
		Height	23

注意：表格中的"Label2～8"表示Label2、Label3、Label4……Label8。

5. 添加"关于"窗体元素

在主窗体上添加4个标签、1个按钮控件，并分别设置属性，见表1-10。

表1-10　form4窗体上的控件属性设置

对 象 类 型	对 象 名 称	属　　性	值
Label	Label1	Text	职专智能家居系统 v 1.0
		Font	微软雅黑，15pt，style=Bold
		ForeColor	255，128，128
	Label2~4	Text	（注意请根据实际情况填写）
Button	button1	Text	确定

6. 编写代码灯光控制窗口交互功能

（1）编写button1~3的Click事件代码

```csharp
private  void button1_Click(object sender, EventArgs e)
    {
        progressBar1.Value = 100;
        progressBar2.Value = 100;
        progressBar3.Value = 100;
        progressBar4.Value = 100;
        progressBar5.Value = 100;
        progressBar6.Value = 100;
    }
private  void button2_Click(object sender, EventArgs e)
    {
        progressBar1.Value = 50;
        progressBar2.Value = 50;
        progressBar3.Value = 50;
        progressBar4.Value = 50;
        progressBar5.Value = 50;
        progressBar6.Value = 50;
    }
private  void button3_Click(object sender, EventArgs e)
    {
        progressBar1.Value = 0;
        progressBar2.Value = 0;
        progressBar3.Value = 0;
        progressBar4.Value = 0;
        progressBar5.Value = 0;
        progressBar6.Value = 0;
    }
```

（2）编写button 4的Click事件代码

```csharp
private  void button4_Click(object sender, EventArgs e)
    {
        try
        {
            progressBar1.Value = progressBar1.Value - 10;
        }
        catch (Exception a)
        {
            progressBar1.Value = 0;
        }
    }
```

另外button5~10的代码与其相似，仅需修改进度条的名称即可。

（3）编写button11的Click事件代码

```
private  void button11_Click(object sender, EventArgs e)
        {
                  progressBar1.PerformStep();
        }
```

另外button11~17的代码与其相似，仅需修改进度条的名称即可。

7．其他代码完善

（1）"关于"窗体form4中的button1的单击事件过程代码

```
private  void button1_Click(object sender, EventArgs e)
        {
                  this.Close();
        }
```

（2）主界面窗体form2中的灯光控制button4的单击事件过程代码

```
    private  void button4_Click(object sender, EventArgs e)
        {
                  Form form3 = new Form3();
                  form3.ShowDialog();
        }
```

（3）主界面窗体linkLabel1单击事件过程代码

```
private  void linkLabel1_LinkClicked(object sender,
                             LinkLabelLinkClickedEventArgs e)
        {
                  Form form4 = new Form4();
                  form4.ShowDialog();
        }
```

8．测试运行

按<F5>键运行程序，分别如图1-55、图1-56所示。

必备知识

1．进度条控件（ProgressBar）

进度条控件通过水平放置的方框中显示适当数目的矩形，指示工作的进度，进度条可以帮助用户了解等待某项工作的进程情况，也可以利用显示特点展示某个比例的数据。进度条控件常用的属性和事件见表1-11。

表1-11 进度条控件的属性和事件

Value	进度条的当前值
Minimum	最小值
Maximum	最大值
Step	递增量
PerformStep	方法：使用递增量增加Value值

2．赋值语句

本任务的程序代码中使用了多条如下形式的语句：

```
progressBar1.Value = 50;
```

此语句的含义为用"50"这个数值修改progressBar1对象的Value属性值，这些用
"="连接组成的语句，称之为赋值语句，一般是将右边的值（也可能是其他变量或表达式）
赋给左边的变量或者属性等。

3．捕获异常

在本任务的代码中，有许多这样的语句块：

```
try
{
    progressBar1.Value = progressBar1.Value - 10;
}
catch (Exception a)
{
    progressBar1.Value = 0;
}
```

温馨提示

　　由于PerformStep方法内置了异常处理，使用时即使超出范围也不会有异常抛出，
此处语句可以更改为以下两行代码同样可以实现进度条属性Value值减10的效果：

```
progressBar1.Step=-10;
progressBar1.PerformStep();
```

　　但相应的在增加进度条值的地方要写成如下两条语句：

```
progressBar1.Step=10;
progressBar1.PerformStep();
```

这里的try...catch被称为异常处理，为什么需要异常处理呢？如果去掉异常处理，来看
一下原始的语句应该是这样的：

```
progressBar1.Value = progressBar1.Value - 10;
```

这条赋值语句的含义是将现有的进度条的Value值减去10再赋给进度条Value值，也
就是进度条减去10，但用户有可能在进度条已经很少的情况下还继续单击按钮，结果出现
Value值比Minimum（最小值）还要小，这会导致错误，系统会弹出警告，如图1-59所
示。此类错误还有很多，像计算中被除数为零时会发生运算错误异常的情况，如果直接由系统
弹出错误提示框会让用户感觉系统有Bug或不友好，所以程序员需要在可能出现错误的地方捕
获异常，并给出友好的提示信息或者做一些预定的默认处理。

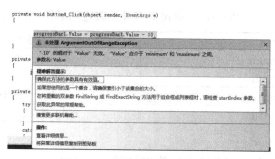

图1-59　调试程序抛出的异常

try语句的基本格式如下

```
try
{
    被监控的代码
}
catch(异常类名  异常变量名)
{
    异常处理
}
...
finally
{
    程序代码
}
```

温馨提示

　　C#中的异常类非常多，大致分为基类、常见类、参数相关类、成员访问有关类、数组有关类、Ⅰ/Ｏ（文件输入输出）有关类、算术有关类，如果仅仅为了防止系统出现异常提示，可以使用基类Exception来处理任何出现的异常，如果能预见一些可能的异常，如DivideByZeroException类表示整数十进制运算中试图除以零而引发的异常，以及IndexOutOfException类用于处理下标超出了数组长度所引发的异常。可以针对相应异常特别处理，更加详细的信息请查询MSDN。

　　从基本格式可以看出，一个try语句，可以跟上多个catch子句，以处理不同的异常情况，而finally是可选的子句，表示不管是否出现异常，均会执行的操作，一般用来清理现场，释放资源的操作。

　　另外，在某些特别的情况下，程序设计人员也可以主动抛出异常，可以使用throw ExObject语句来完成。

任务拓展

　　设计并开发家庭音乐控制界面，界面属性设置如图1-60所示，要求如下：

　　1）初始化时，所有进度条值均为0。

　　2）单击"播放"按钮，下方文本框中显示"正在播放音乐：小苹果"。

　　3）单击"停止"按钮，下方文本框中显示"音乐已经停止播放"。

　　4）所有进度条左右的按钮均能控制对应的进度条的值。

　　5）总体进度条的值改变时，下面所有进度条的值均同时改变。

图1-60　家庭音乐控制界面

任务5　设计监控界面

任务描述

　　项目经理从客户处了解到，客户需要一个定制的环境监测界面，要求背景是新开发楼盘的标准户型，能在界面中查看到室内外的温度和湿度、光照度等值，还要求能在界面中实现控制窗帘等功能按钮，这个任务自然就落到了刚刚入门的小董身上了。

任务分析

　　在智能控制领域，用户往往需要通过软件界面查看当前被管理环境的状态，比如光照度、温度、湿度、红外感应、烟雾值以及燃气值等各类信息，如图1-61所示。本任务模拟智能家居状态监控界面，采用随机函数实现数据变化，使用定时器模拟数据定时刷新，如图1-62所示。

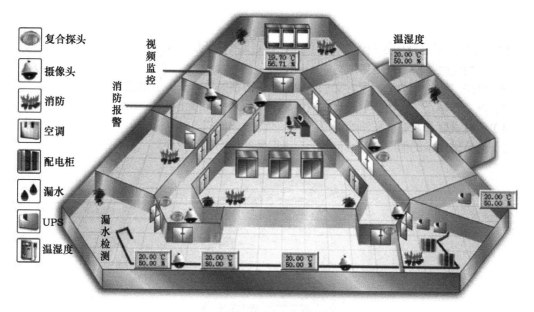

图1-61　某机房设备环境监控系统界面

图1-62　智能家居实时监控界面

任务实施

1. 打开项目

启动Visual Studio 2010，在起始页中单击"打开项目"，打开任务4完成的项目。

2. 新建窗体

添加新窗体，名称为默认的form5。

3. 设置窗体属性

设置窗体的相关属性，具体见表1-12。

表1-12　form5窗体的属性

对 象 类 型	对 象 名 称	属　　　性	值
Form	form5	Width	650
		Height	700
		Icon	Home.ico
		BackgroudImage	05.jpg
		StartPosition	CenterScreen
		Text	实时监控
		FormBorderStyle	FixedDialog
		MaximizeBox	False

设置完成窗体效果如图1-63所示。

4. 添加监控窗体元素

在监控窗体上添加11个标签控件、5个按钮控件和1个文本框控件，并添加2个定时器
（Timer）控件，具体的参数设置见表1-13，最终效果如图1-64所示。

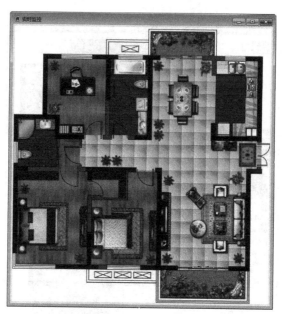

图1-63　监控窗体属性设置后的效果

图1-64　监控窗体添加控件后的效果

温馨提示

定时器控件运行后并不能在窗体上显示，设计的时候统一显示在窗体设计器的下面，如图1-65所示。

图1-65　定时器添加后的图标

表1-13　form5窗体上控件的属性

对象类型	对象名称	属　　性	值
Label	Label1	Text	室外温度：
	Label2	Text	室外湿度：
	Label3	Text	书房光照度：
	Label4	Text	主卧光照度：
	Label5	Text	主卧温度：
	Label6	Text	主卧湿度：
	Label7	Text	燃气值：
	Label8	Text	电控锁：
	Label9	Text	客厅光照度：
	Label10	Text	电动窗帘：
	label11	Text	现在时间：
Button	Button1	Text	开
	Button2	Text	关
	Button3	Text	开
	Button4	Text	关
TextBox	textBox1	Text	
Timer	Timer1	Interval	100
		Enabled	true
	Timer2	Interval	2000
		Enabled	true

5. 编写代码

（1）编写form5的load事件代码

```
private  void Form5_Load(object sender, EventArgs e)
    {
        button2.Enabled = false;
        button4.Enabled = false;
    }
```

（2）编写button1、button2、button3、button4的Click事件代码

```
private  void button1_Click(object sender, EventArgs e)
    {
        button2.Enabled = true;
        button1.Enabled = false;
    }
private  void button2_Click(object sender, EventArgs e)
    {
        button2.Enabled = false;
        button1.Enabled = true;
    }
private  void button3_Click(object sender, EventArgs e)
    {
        button3.Enabled = false;
        button4.Enabled = true;
    }
```

```csharp
private   void button4_Click(object sender, EventArgs e)
    {
            button3.Enabled = true;
            button4.Enabled = false;
    }
```

（3）编写timer1的Tick事件代码

```csharp
private   void timer1_Tick(object sender, EventArgs e)
    {
            System.DateTime currentTime = new System.DateTime();
            currentTime = System.DateTime.Now;
            string strT = currentTime.ToString();
            textBox1.Text = strT;
    }
```

（4）编写timer2的Tick事件代码

```csharp
private   void timer2_Tick(object sender, EventArgs e)
    {
            label1.Text = "室外温度：" + Convert.ToString(20 + ra.Next(5));
            label2.Text = "室外湿度：" + Convert.ToString(60 + ra.Next(10));
            label3.Text = "书房光照度：" + Convert.ToString(ra.Next(1000, 2000));
            label4.Text = "主卧光照度：" + Convert.ToString(ra.Next(1000, 1050));
            label5.Text = "书房温度：" + Convert.ToString(20 + ra.Next(5));
            label6.Text = "书房湿度：" + Convert.ToString(60 + ra.Next(10));
            label7.Text = "燃气值：" + Convert.ToString(1000 + ra.Next(100));
            label9.Text = "客厅光照度：" + Convert.ToString(1000 + ra.Next(100));
    }
```

6．其他代码完善

（1）主界面窗体form2中的系统设置button3的单击事件过程代码

```csharp
private   void button3_Click(object sender, EventArgs e)
    {
            Form form5 = new Form5();
            Form5.ShowDialog();
    }
```

（2）在Form5的全局范围定义随机变量

```csharp
public   partial   class Form5 : Form
    {
        Random ra = new Random(55);
        public Form5()
    {
            InitializeComponent();
    }
        ........//此处代码为上面所有代码，省略之。
    }
```

7．测试运行

按<F5>键运行程序，分别可见如图1-64所示的执行效果。

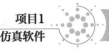
必备知识

1. 定时器控件

定时器（Timer）控件可以定期引发事件，时间间隔的长度由Interval属性定义，其值以毫秒为单位。若启用该组件，需要设置Enabled属性为True，启用后每个时间间隔引发一个Tick事件，在Tick事件中添加需要周期性执行的代码。

定时器的常见属性和事件见表1-14。

表1-14　定时器的常见属性和事件

Enabled	是否有效
Interval	间隔时间，单位是毫秒
Tick事件	每间隔时间发生的事件

2. 控件的Enabled属性

C#的许多控件都有Enabled属性，用来表示控件的可用性，如按钮的Enabled属性表示是否充许交互，如果设置其值为False，则按钮成灰色，不响应鼠标的单击等事件，定时器虽然不可见，但Enabled属性却可以控制定时器是否工作，只有设置其属性为True时，Tick事件才会正常触发。

3. 日期函数

在程序设计中，经常会用到与日期相关的一些情景，如本例中的获取当前日期并显示等，日期函数都声明在System.DateTime对象中，使用时可以先定义此类型的对象，格式如下所示：

System. DateTime currentTime=new System. DateTime();

这里声明了一个名为currentTime的日期时间型对象，如果需要使用系统当前时间填充currentTime对象，可以使用如下语句：

currentTime=System.DateTime.Now;
currentTime对象的相关属性见表1-15。

表1-15　日期对象相关的属性

currentTime . Year	取当前年
currentTime . Month	取当前月
currentTime . Day	取当前日
currentTime . Hour	取当前时
currentTime . Minute	取当前分
currentTime . Second	取当前秒
currentTime . Millisecond	取当前毫秒

对于日期时间对象的操作主要在于输出的格式，可以根据需要获取日期时间，常见的输出格式及使用方法见表1-16。

表1-16　日期对象相关的输出格式

currentTime . ToString ()	完整的日期和时间：XXXX/XX/XX XX：XX：XX
currentTime . ToString ("y")	中文日期：XXXX年XX月
currentTime . ToString ("m")	中文日期：XX月XX日
currentTime . ToString ("f")	中文日期：XXXX年XX月XX日　XX：XX
currentTime . toString ("d")	当前年月日：XXXX/XX/XX
currentTime . toString ("t")	当前时分：XX：XX
currentTime. ToLongDateString ()	长日期：XXXX年XX月XX日
currentTime . ToShortDateString ()	短日期：XXXX/XX/XX

更复杂的格式可以自定义格式输出，语句如下：

currentTime. ToString（"yyyy年MM月dd日　HH时mm分ss秒"）；

可能会输出如下内容：

2013年9月21日　14时28分17秒

有些方法还可以对日期进行运算，如下语句表示当前日期加上100天后的时间：

currentTime. AddDays（100）；

4. 随机数

随机数是一个很富吸引力的数，因为随机产生，不确定的结果，可以用在很多地方，如游戏中的"掉宝"率，如同抽奖般耐人寻味、使人上瘾。

伪随机数是以相同的概率从一组有限的数字中选取的。所选数字并不具有完全的随机性，因为它们是用一种确定的数学算法选择的，但是从实用的角度而言，其随机程度已足够了。

随机数的生成从种子值开始。如果反复使用同一个种子，就会生成相同的数字系列。 产生不同序列的一种方法是使种子值与时间相关。C#中可以使用Random类生成随机数。默认情况下，Random类的无参数构造函数使用系统时钟生成其种子值，从而对于Random的每个新实例，都会产生不同的随机序列。也可以在构造随机对象时，指定任意整形类型数字的种子值，从面产生指定随机序列。

随机数的定义，如下语句所示：

Random rnd = new Random（）；

需要指定随机种子值时可以使用如下语句：

Random rnd = new Random（Seed）；　　//此处的Seed可以是任意的整数

随机对象的常见的方法见表1-17。

表1-17　随机对象的方法

Next ()	返回非负随机数
Next (Int32)	返回一个小于所指定最大值的非负随机数
Next (Int32，Int32)	返回一个指定范围内的随机数
NextBytes	用随机数填充指定字节数组的元素
NextDouble	返回介于0.0和1.0之间的随机数

5. 转换函数

本例中有如下语句：

label1. Text="室外温度："+Convert. ToString（20+ra. Next（5））；

这里的Convert类是一个数据类型转换的类，可以将一个基本数据类型转换为另一个基本数据类型，如上面的语句是将一个整数类型数据转换为字符串类型数据。

此类方法非常多，涵盖所有基本类型之间的类型转换，一些常见的数据转换方法见表1-18。

表1-18　Convert转换对象的常见方法

ToSingle (Int32)	将指定的32位带符号整数的值转换为等效的单精度浮点数
ToString (Int32)	将指定的32位带符号整数的值转换为其等效的字符串表示形式
ToString (Double)	将指定的双精度浮点数的值转换为其等效的字符串表示形式
ToSingle (Int32)	将指定的32位带符号整数的值转换为等效的单精度浮点数
ToInt32 (String)	将数字的指定字符串表示形式转换为等效的32位带符号整数
ToDouble (String)	将数字的指定字符串表示形式转换为等效的双精度浮点数

任务拓展

1）为启动界面增加新功能，使其经过10秒后自动进入主界面。

2）为启动界面增加新功能，在界面最下方增加进度条，进度条每隔0.1秒前进1%的长度，当进度条行进到100%时，自动进入主界面，如图1-66所示。

图1-66　定时器添加后的图标

任务6　设计家电控制界面

任务描述

项目经理老王对小董的进步感到非常满意，他观察了比较多的现有智能家居上位机软件之后，对小董提出了新的挑战，希望软件能在家电控制上有所创新，一是界面要采用接近真实场景的背景，二是家电的控制也要尽可能采用界面互动的方式进行，希望能通过界面上的相应位置的图片"热区"的点击来完成相应的操作。

任务分析

在智能家居的上位机控制软件中，用户除了可以查看和监视住宅中各种传感器的数据外，还可以通过软件控制各种家用电器的电源开关，甚至具体的设备操作。简单的界面可以设计成各种按钮功能来控制设备，如图1-67所示。复杂一些的界面则可以设计成场景，单击场景中不同区域上的按钮来控制相应设备运行，如图1-68所示。

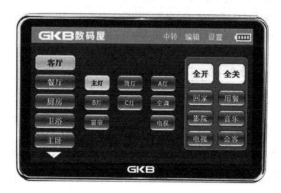

图1-67　某智能家居网关截图

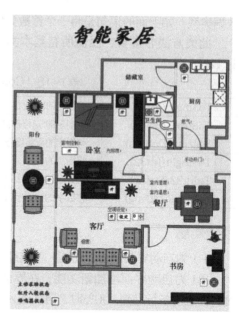

图1-68　智能家居上位机截图

任务实施

1. 打开项目

启动Visual Studio 2010，在起始页中单击"打开项目"，打开任务5完成的项目。

2. 新建窗体

添加新窗体，名称为默认的form6。

3. 设置窗体属性

窗体相关的属性设置见表1-19。

表1-19　form6属性设置

对象类型	对象名称	属 性	值
Form	Form6	Width	824
		Height	545
		BackgroundImage	0001.jpg
		StartPosition	CenterScreen
		Text	家电控制

4. 添加选项卡（TabControl）控件

一般来说需要控制的家电设备会比较多，为了方便用户找到相应的功能，可以将控制设备按区域进行分类，这里引入选项卡控件来分类不同的房间功能区域，在form6上添加一个选项卡控件，并设置tabControl1的Dock属性为Fill，使之充满窗体，然后添加选项卡并修改属性。如果需要添加新的选项卡，可以在选项卡控件上方单击鼠标右键，在弹出的快捷菜单中选择某个选项卡再通过属性窗口来设置标题等属性，如图1-69所示也可以通过单击属性TabPages的对话框来设置，如图1-70所示。共添加10个选项卡，并修改选项卡页的标题分别为：客厅、餐厅、厨房、书房、儿童房、主卧、次卧、浴室、阳台和车库。

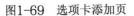

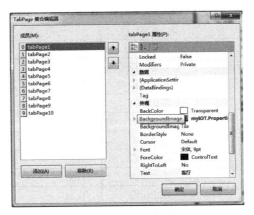

图1-69　选项卡添加页　　　　　　　图1-70　选项卡控件设置对话框

5．添加其他控件

选择"客厅"选项卡页，设置背景（BackgroundImage）为"0001.jpg"，并添加10个按钮和7个图片框（PictureBox）控件，相关属性设置见表1-20。

表1-20　form7窗体上控件属性设置

对象类型	对象名称	属性	值
PictureBox	pictureBox1	Location	292，11
		BackgroundImage	019.jpg
		Size	143，87
		Visible	True
	pictureBox2	Location	292，11
		BackgroundImage	004.jpg
		Size	143，87
		Visible	False
	pictureBox3	Location	292，11
		BackgroundImage	005.jpg
		Size	143，87
		Visible	False
	pictureBox4	Location	414，76
		BackgroundImage	007.jpg
		Size	253，49
		Visible	True
	pictureBox5	Location	414，76
		BackgroundImage	006.jpg
		Size	253，49
		Visible	False
	pictureBox6	Location	429，97
		BackgroundImage	002.jpg
		Size	214，130
		Visible	False
	pictureBox7	Location	429，97
		BackgroundImage	009.jpg
		Size	214，130
		Visible	False

（续）

对 象 类 型	对 象 名 称	属 性	值
Button	Button1	Text	开启家庭影院模式
	Button2	Text	关闭家庭影院模式
	Button3	Text	幕布降
	Button4	Text	幕布升
	Button5	Text	DVD开
	Button6	Text	DVD关
	Button7	Text	投影开
	Button8	Text	投影关
	Button9	Text	功放开
	Button10	Text	功放关

在选项卡上单击鼠标右键，在弹出的快捷菜单中选择"置于底层"和"置于顶层"功能，使pictureBox1～7的叠放顺序从里到外为pictureBox1、pictureBox2、pictureBox3以及pictureBox4、pictureBox5、pictureBox6、pictureBox7。完成后的效果如图1-71所示。

图1-71　家电控制添加控件后的效果

6．编写代码

（1）编写form6的load事件代码

```
private  void Form6_Load(object sender, EventArgs e)
    {
        button4. Enabled = false;
        button6. Enabled = false;
        button8. Enabled = false;
        button10. Enabled = false;
    }
```

温馨提示

当窗体上的控件比较多而且存在重叠时，通过设计界面选择某个控件会变得非常困难，此时可以充分利用属性窗口上方的对象列表，如图1-72所示，可以通过对象名称选择窗体以及窗体中所有的控件，另外优秀的设计人员在给对象取名时往往采用与控件作用相关的名称，方便后期查找。

重叠图片的大小和位置可以通过同时选中需要重叠的图片，然后一起设置Size和Location属性，当然，第一张图片的位置和大小需要事先找好，如图1-73所示。

图1-72　属性窗口中的对象选择

图1-73　重叠图片设置

（2）编写button1～10的Click事件代码

```csharp
private   void button1_Click (object sender, EventArgs e)
        {
                pictureBox3.Visible = true;
                pictureBox7.Visible = true;
private   void button2_Click (object sender, EventArgs e)
        {
                pictureBox2.Visible = false;
                pictureBox3.Visible = false;
                pictureBox5.Visible = false;
                pictureBox6.Visible = false;
                pictureBox7.Visible = false;
        }
private void button3_Click (object sender, EventArgs e)
        {
                button3.Enabled = false;
                button4.Enabled = true;
                pictureBox6.Visible = true;
        }
private void button4_Click (object sender, EventArgs e)
        {
                button4.Enabled = false;
                button3.Enabled = true;
                pictureBox6.Visible = false;
        }
private void button5_Click (object sender, EventArgs e)
        {
                button5.Enabled = false;
                button6.Enabled = true;
        }
private void button6_Click (object sender, EventArgs e)
        {
                button6.Enabled = false;
                button5.Enabled = true;
        }
```

```
private void button7_Click(object sender, EventArgs e)
        {
            button7.Enabled = false;
            button8.Enabled = true;
            pictureBox3.Visible = true;
        }
private void button8_Click(object sender, EventArgs e)
        {
            button8.Enabled = false;
            button7.Enabled = true;
            pictureBox3.Visible = false;
        }
private void button9_Click(object sender, EventArgs e)
        {
            button9.Enabled = false;
            button10.Enabled = true;
        }
private void button10_Click(object sender, EventArgs e)
        {
            button10.Enabled = false;
            button9.Enabled = true;
        }
```

（3）编写pictureBox1和pictureBox4的MouseMove事件代码

```
private void pictureBox1_MouseMove(object sender, MouseEventArgs e)
        {
            pictureBox1.Visible = false;
            pictureBox2.Visible = true;
        }
private void pictureBox4_MouseMove(object sender, MouseEventArgs e)
        {
            pictureBox4.Visible = false;
            pictureBox5.Visible = true;
        }
```

（4）编写pictureBox1和pictureBox4的MouseLeave事件代码

```
private void pictureBox2_MouseLeave(object sender, EventArgs e)
        {
            pictureBox1.Visible = true;
            pictureBox2.Visible = false;
        }
private void pictureBox5_MouseLeave(object sender, EventArgs e)
        {
            pictureBox4.Visible = true;
            pictureBox5.Visible = false;
        }
```

（5）编写pictureBox2、pictureBox3和pictureBox5的MouseClick事件代码

```
private void pictureBox2_MouseClick(object sender, MouseEventArgs e)
        {
            if (pictureBox6.Visible == true)
            {
                pictureBox2.Visible = false;
                pictureBox3.Visible = true;
```

```
            pictureBox6. Visible = false;
            pictureBox7. Visible = true;
        }
        else
        {
            pictureBox1. Visible = true;
            pictureBox3. Visible = false;
            pictureBox6. Visible = true;
            pictureBox7. Visible = false ;
        }
    }
private void pictureBox3_MouseClick(object sender, MouseEventArgs e)
    {
        pictureBox3. Visible = false;
        pictureBox1. Visible = true;
        pictureBox7. Visible = false;
        pictureBox6. Visible = true;
    }
private void pictureBox5_MouseClick(object sender, MouseEventArgs e)
    {
        if (pictureBox7. Visible == true)
          return;
        if (pictureBox6. Visible == false)
        {
            pictureBox4. Visible = true;
            pictureBox5. Visible = false;
            pictureBox6. Visible = true;
        }
        else
        {
            pictureBox4. Visible = true;
            pictureBox5. Visible = false;
            pictureBox6. Visible = false;
        }
    }
```

温馨提示

  if语句表示根据条件判断执行不同的代码，此处表示当投影机发生鼠标单击事件时，首先判断幕布是否已经下降，如果是则开始投影，否则先降下幕布，有关if语句更详细的使用方法见任务7相关说明。

7. 其他代码完善

主界面窗体form2中的家电控制button2的单击事件过程代码如下：

```
private void button2_Click(object sender, EventArgs e)
    {
        Form form6 = new Form6();
        Form6. ShowDialog();
    }
```

8. 测试运行

按<F5>键运行程序，默认效果如图1-74所示，当鼠标移动到投影仪和幕布上方时会出现带发光的投影仪和幕布架，再单击幕布区域，空白幕布会出现，再单击投影区域，投影工作提示灯亮并且带画面的幕布会出现，执行效果如图1-75所示。

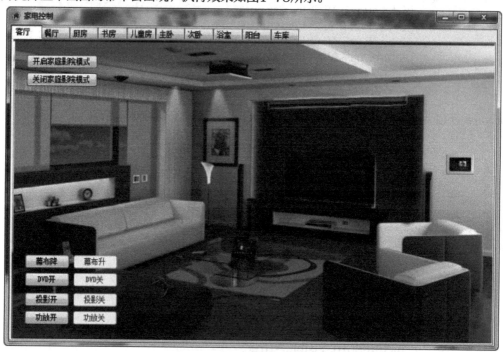

图1-74　家电控制页的初始效果

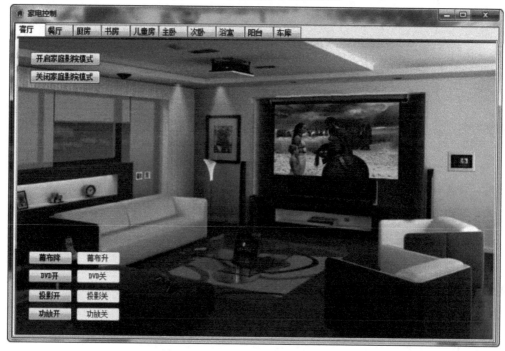

图1-75　家电控制页的开启影院效果

必备知识

1. 选项卡（TabControl）控件

选项卡控件可以添加多个选项卡页（TabPage），然后在选项卡页上添加控件，这样可以把窗体设计成多页，使窗体的功能划分为多个部分，选项卡控件有一个名为TabPages的集合属性，是TabPage最重要的属性，该属性包含单独的选项卡页，每一个单独的选项卡都是一个TabPage对象，单击选项卡时，将为该TabPage对象引发Click事件。此属性代表选项卡中的所有选项卡页，既包含选项卡的属性，也包括各个选项卡的显示顺序。选项卡的常见属性见表1-21。

表1-21　form选项卡的常见属性

Enabled	是否有效
Appearance	按钮样式
Dock	获取或设置哪些控件边框停靠到其父控件并确定控件如何随其父级一起调整大小
RowCount	获取控件的选项卡条中当前正显示的行数
SelectedIndex	获取或设置当前选定的选项卡页的索引
SelectedTab	获取或设置当前选定的选项卡页
ShowToolTips	获取或设置一个值，该值指示当鼠标移到选项卡上时是否显示该选项卡的"工具提示"

2. 图片框（PictureBox）控件

图片框可以用来显示位图、元文件、图标、JPEG、GIF或PNG文件中的图形，默认情况下PictureBox控件不显示任何边框，但可以设置BorderStyle属性显示一个标准或三维的边框，即使图片框不包含任何的图像。图片框运行后是不能选择的，也就是说不能接收输入焦点，但可以接收鼠标的相关事件。图片框的常见属性和事件见表1-22。

表1-22　图片框的常见属性和事件

Location	获取或设置该控件的左上角相对于其容器的左上角的坐标
Size	获取或设置控件的高度和宽度
Visible	获取或设置控件的可见与否
Image	获取或设置由PictureBox显示的图像
ImageLocation	获取或设置要在PictureBox中显示的图像的路径或URL
MouseClick事件	在鼠标单击该控件时发生
MouseMove	在鼠标指针移到控件上时发生
MouseLeave	在鼠标指针离开控件时发生

任务拓展

1）在本任务的界面中增加灯光图片的切换功能，图片可以通过Photoshop软件制作，效果如图1-76、图1-77所示。

2）请制作更多的家电图片的切换功能。

图1-76　鼠标未移上去时的灯光效果　　　图1-77　鼠标移上去后的灯光效果

任务7　设计家庭财务管理

任务描述

小董在不断的挑战中进步得非常快，现在已经会主动思考智能家居上位机用户的需求，他向项目经理提出，可以在总系统中添加家庭财务管理，方便用户管理家庭财务。家庭财务管理可以添加记录日常生活收支情况，即时统计收入总额和支出总额，可以再附带一个小型计算器，便于用户随时处理一些小额计算。

任务分析

在智能家居上位机软件中，关于用户财务信息管理方面的应用不太多，但如果能够融入相关的财务管理器，用户使用起来会更方便。参考掌上设备相关的财务管理软件和普通型简易计算器软件，如图1-78、图1-79所示。本任务就来模拟这些财务管理软件并尝试编写一个家庭财务管理器。

任务实施

图1-78　某家庭财务管理软件　图1-79　普通简易计算器

1. 打开项目

启动Visua Studio 2010，在起始页中单击"打开项目"，打开任务6完成的项目。

2. 新建窗体

添加2个窗体，分别是form7和form8。

3. 设置窗体属性

设置窗体的相关属性，见表1-23。

表1-23　form7、form8窗体的属性设置

对 象 类 型	对 象 名 称	属　性	值
Form	form7	Text	家庭财务计算器
	form8	Text	随手算

4. 添加家庭财务管理器主窗体元素

在主窗体上添加15个标签、3个按钮控件、2个分组框、4个文本框、2个组合框、2个列表框，完成如图1-80、图1-81所示的窗体效果，form7窗体的控件具体属性设置见表1-24。

图1-80 "家庭财务计算器"窗体设置　　　图1-81 "简易计算器"窗体设置

表1-24　form7窗体上的控件属性设置

对象类型	对象名称	属 性	值
Label	Label1	Text	家庭财务计算器
		Font	宋体，26pt
	Label2～13	Text	分别为：收入总额、支出总额、日期、yyyymmdd、类别、金额、详细清单、日期、yyyymmdd、类别、金额、详细清单
	Label14	Name	lblResult1
		BorderStyle	Fixed3D
		Text	空
	Label115	Name	lblResult2
		BorderStyle	Fixed3D
		Text	空
Button	Button1	Text	计算器助手
	Button2	Name	btnEarning
		Text	记一笔
	Button3	Name	btnPay
		Text	记一笔
GroupBox	GroupBox1～2	Text	分别为：收入、支出
TextBox	TextBox1	Name	txtDate1
		MaxLength	8
	TextBox2	Name	txtMoney1
	TextBox3	Name	txtDate2
		MaxLength	8
	TextBox4	Name	txtMoney2
ComboBox	ComboBox1	Name	cmbCategory1
		Text	收入类别
		Items	项目包含：工资、兼职、加班、奖金、补贴、利息、分红、投资、礼金、中奖、租金、其他
	ComboBox2	Name	cmbCategory2
		Text	支出类别
		Items	项目包含：购物、餐饮、交通、通信、娱乐、医疗、进修、保险、居家、投资、人情、其他
ListBox	ListBox1	Name	lstEarning
	ListBox2	Name	lstPay

5. 添加简易计算器窗体元素

在主窗体上添加2个标签、16个按钮控件，1个文本框并分别设置属性，见表1-25。

表1-25 form8窗体上的控件属性设置

对象类型	对象名称	属　　性	值
Label	Label1	Text	简易计算器
		Font	15pt
	Label2	Text	结果：
Button	Button1~10	Name	分别为：btn1、btn2、btn3、btn4、btn5、btn6、btn7、btn8、btn9、btn0
		Text	分别为：1、2、3、4、5、6、7、8、9、0
	Button11~14	Name	分别为：btnAdd、btnSub、btnMul、btnDiv
		Text	分别为：+、−、*、/
	Button15	Name	btnCalculate
		Text	计算
	Button16	Name	btnClear
		Text	清空
TextBox	TextBox1	Name	txtResult

6. 编写家庭财务计算器窗体交互功能

（1）定义变量存储"收入总额"和"支出总额"，定义窗体范围变量，并赋初值为0，为窗体添加Load载入事件，代码如下

```
float  Result1，Result2;//Result1为收入总额，Result2为支出总额
private void Form7_Load(object sender, EventArgs e)
{
    Result1 = 0;
    Result2 = 0;
}
```

（2）添加收入金额，给btnEarning按钮控件添加Click事件，代码如下

```
private void btnEarning_Click(object sender, EventArgs e)
{
    string str1,y, m, d;
    y = txtDate1.Text.Substring(0, 4);//获取日期中的年份
    m = txtDate1.Text.Substring(4, 2);//获取日期中的月份
    d = txtDate1.Text.Substring(6, 2);//获取日期中的日期
    str1 = y+"年"+m+"月"+d+"日" + " "
                + cmbCategory1.SelectedItem+" "+"￥"+txtMoney1.Text;
    lstEarning.Items.Add(str1);//将日期、类别和金额连接成字符串添加到清单列表框
    Result1 = Result1 + Convert.ToSingle(txtMoney1.Text);
    lblResult1.Text = "￥" + Convert.ToString(Result1);//将新增金额加到收入总额
        txtDate1.Text = "";
    cmbCategory1.Text = "收入类别";
    txtMoney1.Text = "";//还原日期、类别和金额数据
}
```

（3）添加支出金额，给btnPay按钮控件添加Click事件，代码如下

```
private void btnPay_Click(object sender, EventArgs e)
```

```
    {
        string str2, y, m, d;
        y = txtDate2. Text. Substring(0, 4);//获取日期中的年份
        m = txtDate2. Text. Substring(4, 2); //获取日期中的月份
        d = txtDate2. Text. Substring(6, 2);//获取日期中的日期
        str2 = y + "年" + m + "月" + d + "日" + ""
                        + cmbCategory2. SelectedItem+ ""+"¥"+txtMoney2. Text;
        lstPay. Items. Add(str2);//将日期、类别和金额连接成字符串添加到详细清单列表框
        Result2 = Result2 + Convert. ToSingle(txtMoney2. Text);
        lblResult2. Text = "¥" + Convert. ToString(Result2);//将新增金额加到支出总额中
        txtDate2. Text = "";
        cmbCategory2. Text = "支出类别";
        txtMoney2. Text = "";//还原日期、类别和金额数据
    }
```

（4）调用"随手算"简易计算器form8窗体，给button1按钮控件添加Click事件，代码如下

```
    private void button1_Click(object sender, EventArgs e)
    {
        Form8 fname = new Form8();
        fname. Show();//显示Form8窗体
    }
```

7. 编写"简易计算器"窗体交互功能

（1）给btn0～9添加Click事件，代码如下

```
    private void btn0_Click(object sender, EventArgs e)
    {
        txtResult. Text = txtResult. Text + "0";//将"0"添加到txtResult文本框的内容后
    }
    private void btn1_Click(object sender, EventArgs e)
    {
        txtResult. Text = txtResult. Text + "1";//将"1"添加到txtResult文本框的内容后
    }
    private void btn2_Click(object sender, EventArgs e)
    {
        txtResult. Text = txtResult. Text + "2";//将"2"添加到txtResult文本框的内容后
    }
```

另外btn3～9的代码与其相似，请读者自行添加。

（2）给"+"、"－"、"*"、"/"按钮分别添加Click事件，代码如下

```
    private void btnAdd_Click(object sender, EventArgs e)
    {
        txtResult. Text = txtResult. Text + " + ";//将"+"添加到txtResult文本框的内容后
    }
    private void btnSub_Click(object sender, EventArgs e)
    {//将"－"添加到txtResult文本框的内容后
        txtResult. Text = txtResult. Text + " － ";
    }
    private void btnMul_Click(object sender, EventArgs e)
    {
        txtResult. Text = txtResult. Text + " * ";//将"*"添加到txtResult文本框的内容后
    }
    private void btnDiv_Click(object sender, EventArgs e)
```

```
    {
       txtResult.Text = txtResult.Text + " / ";//将"/"添加到txtResult文本框的内容后
    }
```

（3）给"计算"按钮添加Click事件，代码如下

```
    private void btnCalculate_Click(object sender, EventArgs e)
    {
    Single r;  //定义变量来存放计算结果
    string str = txtResult.Text;
    int n = str.IndexOf(' ');  //在字符串str中查找空格出现的位置
     string s1 = str.Substring(0, n);  //将第一个运算数取出来存放到变量s1中
     char op = Convert.ToChar(str.Substring(n + 1, 1));//将运算符存放到变量op中
     string s2 = str.Substring(n + 3);  //将第二个运算数取出来存放到变量s2中
     Single arg1 = Convert.ToSingle(s1);

     Single arg2 = Convert.ToSingle(s2);  //将两个运算数转换为数值类型
    if (op =='+')
       {
           r = arg1 + arg2;
           txtResult.Text = r.ToString();
       }
    if (op =='-')
      {
           r = arg1 - arg2;
           txtResult.Text = r.ToString();
      }
    if (op =='*')
      {
           r = arg1 * arg2;
           txtResult.Text = r.ToString();
      }
    if (op =='/')
      {
      if (arg2 == 0)
        { txtResult.Text ="除数不能为0！"; }
      else
        {
            r = arg1 / arg2;
            txtResult.Text = r.ToString();
        }
      }
    }
```

（4）给"清空"按钮添加Click事件，代码如下

```
    private void btnClear_Click(object sender, EventArgs e)
    {
    txtResult.Text = "";
```

8. 其他代码完善

主界面窗体form2中的新增"财务计算器"按钮，效果如图1-82所示，并添加单击事件代码如下：

```
private void button7_Click(object sender, EventArgs e)
    {
```

```
Form form7 = new Form7();
Form7.ShowDialog();
}
```

图1-82 添加"财务计算器"按钮

9. 测试运行

按<F5>键运行程序，分别可见"家庭财务计算器"窗体和"随手算"窗体，执行效果如图1-83、图1-84所示。

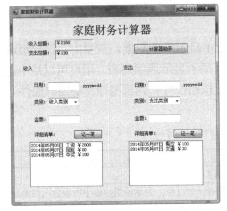

图1-83 "家庭财务计算器"运行效果

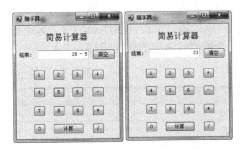

图1-84 "简易计算器"运行效果

必备知识

1. 列表框控件

列表框（ListBox）控件可以显示多条数据，用户可以从中选择一项或多项，如果选项总数超出可以显示的项数，则控件会自动添加滚动条。

列表框控件常用的属性见表1-26。

表1-26 列表框控件的常见属性

名　　称	说　　明
Name	控件的名称
Items	用于存放列表框中的列表项，是一个集合
Text	获取或搜索当前选定项的文本
SelectedIndex	获取或设置当前选定数据项的索引（从0开始）
SelectedItem	获取或设置当前选定项
SelectedItems	获取ListBox控件中被选中数据项的集合
SelectionMode	在控件选择中能否选择多项
SelectedValue	获取或设置由ValueMember属性指定的成员属性的值
ItemsCount	返回列表项的数目

列表框控件提供许多实用的方法，可以更方便地操作一个列表框，常用的方法见表1-27。

表1-27 列表框控件的常见方法

方 法 名 称	说 明
Items. Add	向ListBox控件的列表项中添加数据
Items. Remove	将ListBox控件列表中指定的数据项移除
SetSelected	选择或清除ListBox控件中选定的数据项
ToString	返回ListBox的字符串表示形式
GetItemText	返回指定项的文本表示形式
ClearSelected	取消选择ListBox中的所有项

通常列表框使用的事件与用户选中的选项有关，见表1-28。

表1-28 列表框控件的常见方法

名 称	说 明
TextChanged	当Text属性更改时发生
SelectedIndexChanged	在SelectedIndex属性更改后发生

2. 组合框控件

组合框（ComboBox）控件用于在下拉组合框中显示多项数据。主要由两部分组成：一个允许用户输入列表项的文本框；另一个是列表框，用于显示选项列表，用户可以从中选择。因此，可以把组合框控件看作是结合了文本框控件、按钮控件和列表框控件功能的控件。

组合框控件常用的属性见表1-29。

表1-29 组合框控件的常见属性

名 称	说 明
Name	名称
Items	获取一个对象，表示该组合框中所包含项的集合
Text	显示的文本内容
MaxLength	允许的最多字符数
DropDownStyle	设置或获取组合框显示的样式
SelectedIndex	获取或设置当前选定数据项的索引（从0开始）
SelectedItem	获取或设置当前选定项
SelectedValue	获取或设置由ValueMember属性指定的成员属性的值

组合框处理的事件主要涉及选项的改变、下拉状态的改变、文本的改变这3个操作，相应的事件见表1-30。

表1-30 下拉组合框控件的常见事件

名称	说明
DropDown	当显示下拉部分时发生
SelectedIndexChanged	在SelectedIndex属性更改后发生
SelectedValueChanged	在SelectedValue属性更改时发生
TextChanged	在Text属性值更改时发生

3. 变量

变量是C#中的一个基本单位。变量代表了存储单元，每个变量都有一个类型，决定了这个变量可以存储什么值。变量可以反复赋值。

使用变量的一条重要原则是：变量必须先定义后使用。

C#规定，使用变量前必须声明，声明的同时规定了变量的类型和变量的名称。

变量的声明采用如下的规则：

type name；

变量名name的命名规则：

变量名的第一个字符必须是字母、下划线（_）、"@"；除第一个字符外，其余的字符可以是字母、数字、下划线的组合；不可以使用对C#编译器而言有特定含义的名称作为变量名。

在C#中，变量分为7种类型：

静态变量、实例变量、数组变量、值参数、引用参数、输出参数和局部变量。

例如，以下代码中，x是静态变量，y是实例变量，s是数组变量，m是值参数，i是引用参数，j是输出参数，w是局部变量。

```
class myclass
{
    int  y=2;
    public static int x=1;
    bool Function(int[]  s,int m, refint i,outint j)
    {
        int w=2;
        j=x+y+i+w;
    }
}
```

4. 字符串

字符串不但在现实生活中应用广泛，而且在编程中也经常使用，C#内置了功能完全的string类型。字符串是Unicode字符的有序集合，用于表示文本。字符构成了字符串，根据字符在字符串中的不同位置，字符在字符串中有一个索引值，可以通过索引值获取字符串中某个字符。字符在字符串中的索引从零开始。

String类是字符串类，此类含有大量的方法和属性，可以方便地处理与字符串相关的操作，具体见表1-31。

表1-31　字符串处理的常见方法表

语法格式	说明
str1.Length	求str1字符串的长度
n.ToString()	将变量n转化为字符串的值
String.Compare(str1,str2)	比较str1和str2，若str1>str2，则返回1；若str1<str2，则返回-1；若str1=str2，则返回0
str1.ToLower()	把字符串中所有的字母都变成小写
str1.ToUpper()	把字符串中所有的字母都变成大写
str1.Equals(str2)	检查字符串str1和str2是否相等
str1.Insert(n,str2)	用来将str2字符串插在str1字符串的第n个位置（由1算起）
str1.IndexOf(str2)	从str1字符串找出第一次出现str2字符串的位置
str1.Remove(m,n)	删除str1字符串中从第m个位置开始长度为n的字符串
str1.SubString(m,n)	获取从str1字符串的第m个字符开始，长度为n的子串
str1.TrimStart()	去掉字符串str1最前面的空格
str1.TrimEnd()	去掉字符串str1最后面的空格
str1.Trim()	去掉字符串str1中的所有空格

注意：比较字符串并非比较字符串长度的大小，而是比较字符串ASCII码值的大小。

5. 运算符

计算机利用运算符来执行程序的运算，常见的运算符有算术运算符、赋值运算符、字符串运算符、关系运算符、逻辑运算符。

（1）算术运算符

算术运算符有5种：+（加法）、-（减法）、*（乘法）、/（除法）、%（取余）。

加法和减法运算符可以运用于整数类型、实数类型、枚举类型、字符串类型和代理类型；乘法和除法运算符只适用于整数以及实数之间的操作。

其中除法运算符默认的返回值的类型与精度最高的操作数类型相同。如果两个整数类型的变量相除又不能整除的话，返回的结果是不大于被除数的最大整数。例如：5/2 = 2；5.0/2 = 2.5。

取余运算符又称求模运算符，用来求除法的余数，适用于整数类型和浮点型。如5%2 = 1，7%1.5=1。

另外，还有"++"和"--"，称为自增和自减运算符。

"i++"表达式可以解释为"i=i+1"；但表达式"i++"与"++i"的含义又不相同，"i++"是先赋值、后进行自身的运算，而"++i"正好是相反的，是先进行自身的运算，而后再赋值。

下述语句后置++代码运行后，j的结果为1。

```
int i=1;
int j;
j=i++;
```

而下述语句前置++代码运行后，j的结果为2。

```
int i=1;
int j;
j=++i;
```

（2）赋值运算符

赋值运算符分为两种类型，第一种是简单赋值运算符，就是"="；第二种是复合赋值运算符，包含5类：+ =、- =、/ =、* =、% =。

例如：

```
//复合赋值运算符* =
int i=2;
int j=4;
j*=i+2;//运行结果是j=16，式子可以理解为j=j*(i+2)
```

以上几种运算符的优先级见表1-32。

表1-32　几种运算符优先级表

运算符优先级	运　算　符
高 ↓ 低	*、/、%
	+、-
	=、*=、/=、%=、+=、-=

（3）字符串运算符

字符串运算符"+"，在字符串运算中，起到了连接字符串的作用。

如："早上"+"好"="早上好"

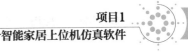

（4）关系运算符

关系运算符可以实现两个值的比较运算，关系运算符在完成两个操作数的比较运算之后会返回一个代表运算结果的布尔值。关系运算符一般常用于判断或循环语句中。

常用的关系运算符有6种：＝＝（等于）、!＝（不等于）、＞（大于）、＞＝（大于等于）、＜（小于）、＜＝（小于等于）。

温馨提示

等于（＝＝）运算符和赋值操作符（＝）不要搞混了。

表达式x＝＝y会比较x与y，如果两个值相同，就返回true；

表达式x＝y，则会将y的值赋值给x。

（5）逻辑运算符

逻辑运算符对两个表达式进行布尔逻辑运算。C#中的逻辑运算符可分为按位逻辑运算符和条件逻辑运算符，下面介绍条件逻辑运算符。

常用的条件逻辑运算符：&&（逻辑与）、||（逻辑或）、!（逻辑非）。

&&和||运算符是将两个条件表达式或布尔值合并成单独一个布尔结果。只有在作为操作数的两个条件表达式或布尔值都为true的前提下，&&运算符的求值结果才为true；两个操作数任何一个为true，运算符||的求值结果都为true。

! 运算符是对布尔型操作数求反的一元运算符。当操作数为false时返回true；当操作数为true时返回false。

（6）运算符的优先级和结合性总结

至此，已经学过了多种运算符，如何更好地操作来达到编程目的，还需要进一步掌握各运算符之间的优先级及结合性，见表1-33，各级别运算符按照从高到低的顺序排列，同一个级别的运算符具有相同的优先级。

表1-33　常用运算符的优先级和结合性

操 作 符	结 合 性
（）	左
!（逻辑非）、+（正）、－（负）、++、－	左
*、/、%	左
+（加）、－（减）	左
<、<=、>、>=	左
==、!=	左
&&	左
||	左
＝（赋值）、*=、/=、%=、+=、-=	右

6. 表达式

表达式是由运算符、变量以及标点符号依据一定的规则组合创建起来的字符组合。表达式按照规则运算后会得到一个结果值，此结果值的类型与运算符组成有关。根据运算的优先级可以知道，如果表达式中仅含算术运算符，则结果一般为数值，可供赋值语句使用，如果含关系运算符或逻辑运算符，则结果一般为逻辑值，可供逻辑判断用。

7. 流程控制语句

在C#语言中，经常需要根据实际情况转移或者改变程序执行的顺序，用于这些目的的语句叫做流程控制语句。流程控制语句主要分为如下几种：

选择结构控制语句：使用?:、if、switch

循环结构控制语句：使用do、while、for、foreach

跳转控制语句：使用break、continue、goto、return

8. if语句

if语句可以让计算机具有逻辑判断的能力，能够针对不同的情况做出不同反应，通过程序就能帮助人们分析处理复杂的问题。

if语句有3种基本形式：单条选择、如果/否则、多情形选择。

（1）单分支选择结构（if）

基本语法：if（条件表达式）　　{语句块;}

功能：首先计算条件表达式的值（true或false），若条件表达式的值为true时，则执行if后面的大括号中的语句块，否则，跳过这些大括号中的语句。

（2）双分支选择结构（if…else）

基本语法：if（条件表达式）
　　　　　　　{语句块1;}
　　　　else
　　　　　　　{语句块2;}

功能：首先计算条件表达式的值（true或false），若条件表达式的值为true时，则执行语句块1，否则就执行语句块2。

（3）多分支选择结构（if…else if…else）

基本语法：if（条件表达式1）
　　　　　　　{语句块1;}
　　　　else if（条件表达式2）
　　　　　　　{语句块2;}
　　　　else if（条件表达式3）
　　　　　　　{语句块3;}
　　　　……
　　　　else
　　　　　　　{语句块n;}

功能：首先计算条件表达式1，若条件表达式为true，则执行语句块1，若为false，就跳向下一个判断，判断else if后面的条件表达式2，若为true，就执行语句块2，否则就继续向下判断，若到最后的else语句之前还没有遇到为true，就执行else后面大括号中的语句块n了。

（4）if语句的嵌套

if语句之间可以互相嵌套，if语句和if…else语句之间可以互相嵌套使用，if…else语句之间也可以互相嵌套，这就是多层嵌套，大家可以根据实际情况选择如何进行嵌套，使用起来非常灵活，下面举两种格式供大家参考：

嵌套格式1：

if（条件表达式1）
　　{

```
            if ( 条件表达式2 )
                {语句块;}
    }
嵌套格式2：
  if ( 条件表达式1 )
        {
            if ( 条件表达式2 )
                {语句块1;}
            else
                {语句块2;}
        }
  else
        {语句块3;}
```

任务拓展

继续完善任务7中的简易计算机器的功能，实现能够输入实数来进行运算并完善软件界面效果。

任务8   设计系统设置界面

任务描述

应用程序除了向用户直接展示常见的界面外，常常还会提供一个可以设置全局参数的界面，以方便用户自己定制应用程序的使用习惯，配置应用程序的独特的运行方式。如可以通过QQ的系统设置，设置用户名和密码，运行程序即直接登录，通过Internet选项，设置IE浏览器默认打开的主页等。如图1-85、图1-86所示的界面分别是QQ的系统设置和IE浏览器的系统设置界面。

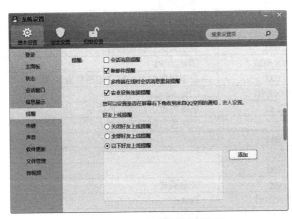

图1-85   QQ系统设置界面

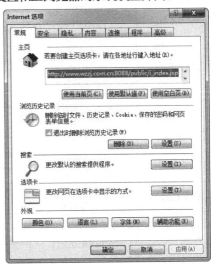

图1-86   IE系统设置界面

下面，为职专智能家居仿真软件制作一个系统设置界面。

任务实施

1. 打开项目

启动Visual Studio 2010，在起始页中单击"打开项目"按钮，打开任务7完成的项目。

2. 新建窗体

添加新窗体，名称为默认的form9。

3. 设置窗体属性

设置窗体的相关属性，见表1-34。

表1-34　form9窗体属性设置

对 象 类 型	对 象 名 称	属 性	值
Form	form9	Width	420
		Height	600
		Icon	Home.ico
		BackgroudImage	555.jpg
		StartPosition	CenterScreen
		Text	系统设置
		FormBorderStyle	FixedDialog
		MaximizeBox	False

设置完成窗体效果如图1-87所示。

4. 添加系统设置窗体元素

在系统设置窗体上添加3个分组框，在第一个分组框中添加4个可选按钮和2个文本框，在第二个分组框中添加4个单选按钮，在第三个分组框中添加3个标签、3个文本框和1个按钮，最后在界面上添加标签、列表框和按钮，具体的参数设置见表1-35，最终效果如图1-88所示。

表1-35　控件属性设置

对 象 类 型	对 象 名 称	属 性	值
Label	Label1	Text	智能家居系统设置
		Font	微软雅黑，12pt, style=Bold
	Label2	Text	用户名
	Label3	Text	旧密码
	Label4	Text	新密码
	Label5	Text	系统设置记录
GroupBox	groupBox1	Text	紧急处置
	groupBox2	Text	系统重启后默认模式
	groupBox3	Text	管理员设置
CheckBox	checkBox1	Text	发生火灾，自动拨打119
		Checked	Checked
	checkBox2	Text	发生煤气泄漏，自动切断管道煤气
		Checked	Checked
	checkBox3	Text	系统掉电，自动发短信到:
	checkBox4	Text	安防警告时发短信至:
TextBox	textBox1	Text	
	textBox2	Text	
	textBox3	Text	
RadioButton	radioButton1	Text	普通模式
		Checked	True
	radioButton2	Text	安防模式
	radioButton3	Text	会客模式
	radioButton4	Text	夜间模式

（续）

对象类型	对象名称	属性	值
MaskTextBox	maskTextBox1	Text	
		PasswordChar	*
	maskTextBox2	Text	
		PasswordChar	*
Button	button1	Text	保存修改
	button2	Text	清空记录
ListBox	listBox1		

图1-87　系统设置窗体属性设置后的效果

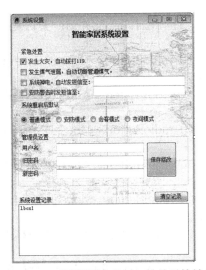

图1-88　系统设置窗体添加控件后的效果

5. 编写代码

（1）编写checkBox1～4的CheckedChanged事件代码

```
private void checkBox1_CheckedChanged(object sender, EventArgs e)
    {
        listBox1.Items.Add("处置：发生火灾 = = 状态改变！");
    }
private void checkBox2_CheckedChanged(object sender, EventArgs e)
    {
        listBox1.Items.Add("处置：煤气泄漏 = = 状态改变！");
    }
private void checkBox3_CheckedChanged(object sender, EventArgs e)
    {
        listBox1.Items.Add("处置：系统掉电 = = 状态改变！");
    }
private void checkBox4_CheckedChanged(object sender, EventArgs e)
    {
        listBox1.Items.Add("处置：安防警告 = = 状态改变！");
    }
```

（2）编写textBox1～2的Leave事件代码

```
private void textBox1_Leave(object sender, EventArgs e)
    {
        listBox1.Items.Add("处置: 系统掉电 = = 目标改变! >>" + textBox1.Text);
    }
private void textBox2_Leave(object sender, EventArgs e)
    {
        listBox1.Items.Add("处置: 安防警告 = = 目标改变! >>" + textBox2.Text);
    }
```

（3）编写radioButton1～4的MouseDown事件代码

```
private void radioButton1_MouseDown(object sender, MouseEventArgs e)
    {
        listBox1.Items.Add("默认模式改变为: " + radioButton1.Text);
    }
private void radioButton2_MouseDown(object sender, MouseEventArgs e)
    {
        listBox1.Items.Add("默认模式改变为: " + radioButton2.Text);
    }
private void radioButton3_MouseDown(object sender, MouseEventArgs e)
    {
        listBox1.Items.Add("默认模式改变为: " + radioButton3.Text);
    }
private void radioButton4_MouseDown(object sender, MouseEventArgs e)
    {
        listBox1.Items.Add("默认模式改变为: " + radioButton4.Text);
    }
```

（4）编写button1～2的Click事件代码

```
private void button1_Click(object sender, EventArgs e)
    {
        listBox1.Items.Clear();
    }
private void button2_Click(object sender, EventArgs e)
    {
        listBox1.Items.Add("管理员用户更改为: " + textBox3.Text);
    }
```

6. 其他代码完善

主界面窗体form2中的系统设置button6的单击事件过程代码如下:

```
private void button6_Click(object sender, EventArgs e)
    {
        Form form9 = new Form9();
        Form9.ShowDialog();
    }
```

7. 测试运行

按<F5>键运行程序，见图1-89所示的执行效果。

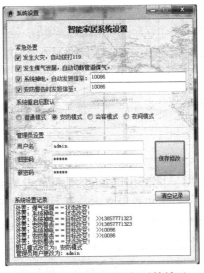

图1-89　系统设置运行后的效果

必备知识

1. 分组框控件

分组框控件（GroupBox）主要为其他控件提供分组，一般用来细分窗体的功能，将相近的功能放在一组。分组框控件可以显示一个边框，也可以显示一个标题，很少用来与用户进行交互，也没有滚动条。分组框的常见属性，见表1-36。

表1-36　分组框的常见属性

Text	标题
Location. x	左上角横向位置
Location. y	左上角纵向位置

2. 复选框控件

复选框（CheckBox）用来表示是否选取了某个选项条件，常用于用户提供具有是/否或者真/假的选项。复选框的常见属性和事件见表1-37。

表1-37　复选框的常见属性和事件

Text	标题
Checked	True选中,False未选中
CheckState	提示复选框状态
ThreeState	是否允许三种状态
RightToLeft	选择框在左边还是在右边
CheckedChanged事件	Check属性发生变化时的事件
MouseDown事件	鼠标按下时发生的事件
MouseUp事件	鼠标释放时发生的事件
MouseEnter事件	鼠标进入时发生的事件
MouseLeave事件	鼠标离开时发生的事件

3. 单选按钮（RadioButton）

单选按钮为用户提供由两个或多个互斥选项组成的选项集，当用户选中某单选按钮时，同一组中的其他单选按钮不能同时选定。单选按钮的属性和事件基本上与复选框一致，见表1-24。

温馨提示

默认放在同一个窗体上的所有单选按钮将视为一组，如果在一个窗体上有多组单选按钮，必须用分组框进行隔离。

4. 文本框控件

文本框控件（TextBox）用于获取用户输入的数据或者显示文本，通常是可以在运行时编辑文本，有时也设置成只读，只用来显示文本。文本框可以显示多个行，可以换行输入内容，如果要显示带格式的文件请使用带格式文本控件（RichTextBox），文本框也可以作为密码框使用。文本框的常见属性和事件见表1-38。

表1-38　文本框的常见属性和事件

Text	文本框的内容
Multiline	设置多行
ReadOnly	是否只读
Enabled	是否允许操作
PasswordChar	密码输入时显示的字符
TextChanged事件	文本内容发生改变时的事件
Enter事件	控件成为活动对象时发生的事件
Leave事件	控件失去活动焦点时发生的事件
keyPress事件	按键时发生的事件
keyDown事件	按下键盘时发生的事件
keyUp事件	按键后弹开时发生的事件

任务拓展

增加进入系统设置时验证用户名和密码功能，验证窗体如图1-90所示。

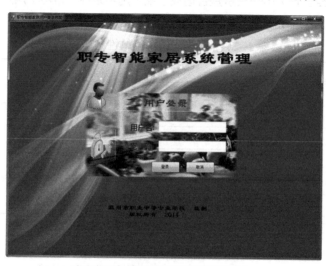

图1-90　系统设置运行后的效果

任务9　　设计家庭日程备忘录

任务描述

　　小董设计好系统设置界面后又向项目经理提出了新的想法，如果能把家庭的日程都一起合并到系统里，这样就可以让家中的每个人都能及时了解和处理家中的一些相关或重大事项。项目经理觉得这个建议相当不错，这些功能可以更加完善整个智能家居系统，于是他让小董继续努力去研发家庭日程管理器。

任务分析

　　现代人的生活相当忙碌，如何能够在忙碌的工作中，有条理地记下大大小小的事情呢？在各种桌面备忘录或手机APP的软件应用中，有许多日程管理的软件，功能有大有小，能够满足各方面的应用。简单的程序可以设计成只需根据日期添加事项就可以了，如图1-91所示。复杂一些的程序还可以把事项区别为"生活""工作""纪念日""其他"等，如图1-92所示。

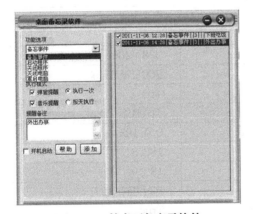

图1-91　某桌面备忘录软件　　　　　　图1-92　某手机记事软件截图

　　本任务就模拟简单日程管理软件进行尝试设计，为智能家居的上位机仿真软件添加具有家庭日程备忘录的功能模块，能记录备忘提醒时间和内容，能显示今日有哪些提醒备忘条目，备忘提醒时间一小时内的提醒条目使用"跑马灯"效果显示。

任务实施

1. 打开项目

启动Visual Studio 2010，在起始页中单击"打开项目"，打开任务8完成的项目。

2. 新建窗体

添加新窗体，名称为默认的form10。

3. 设置窗体属性

窗体相关的属性设置见表1-39。

项目
1

项目
2

项目
3

项目
4

附录

参考文献

表1-39　form10属性设置

对 象 类 型	对 象 名 称	属　　性	值
Form	form10	Text	家庭日程备忘录
		Size	659,528
		StartPosition	CenterScreen

4. 添加窗体元素

在窗体上添加3个分组框、8个标签、2个按钮、2个文本框、1个列表框、1个日期选择控件、1个组合框，2个计时器，并分别设置属性，见表1-40。完成后的效果如图1-93所示。

表1-40　form10窗体上控件属性设置

对 象 类 型	对 象 名 称	属　　性	值
GroupBox	grb1	Text	今日提醒
		Size	616，74
		Location	12，127
	grb2	Text	新增备忘录
		Size	223，221
		Location	9，265
	grb3	Text	备忘明细
		Size	403，218
		Location	238，266
Label	lbl1	Text	家庭日程备忘录
		AutoSize	True
		Font	微软雅黑，18pt，style=Bold
		ForeColor	0，0，192
		Size	182，31
		Location	185，9
	lbl2	Text	即时提醒：暂无
		AutoSize	True
		Font	微软雅黑，12pt，style=Bold
		ForeColor	Red
		Size	111，22
		Location	16，76
	lbl3	Text	现在时间：
	lbl4	Text	Lbl4
		Font	微软雅黑，15pt，style=Bold
		ForeColor	0，192，0
	lbl5	Text	备忘内容：
	lbl6	Text	提醒日期：
	lbl7	Text	提醒时间：
	lbl8	Text	点

（续）

对象类型	对象名称	属 性	值
TextBox	tbx1	ScrollBars	Vertical
		Multiline	True
	tbx2	ScrollBars	Vertical
		Multiline	True
ListBox	lbx1	Size	387, 172
DateTimePicker	dtp1	CustomFormat	hh:mm:ss dddd
ComboBox	Cbx1	Items	1, 2, 3, 4, 5, 6, 7, 8, 9, 10, 11, 12, 13, 14, 15, 16, 17, 18, 19, 20, 21, 22, 23, 24
Button	btn1	Text	添加
	btn2	Text	删除选择的备忘
Timer	timer1	Enabled	True
		Interval	500
	timer2	Enabled	True
		Interval	100

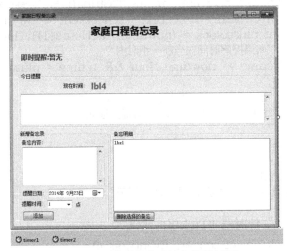

图1-93　设置完成后的窗体效果图

5. 编写代码

（1）为"添加"按钮添加单击事件，实现备忘录的新增功能，代码如下

```
private void btn1_Click(object sender, EventArgs e)
    {
      if (tbx2.Text != "")
      {
      lbx1.Items.Add(dtp1.Value.ToShortDateString()+"#"+cbx1.
      Text+"#"+tbx2.Text);
      }
    }
```

（2）为"删除选择备忘"按钮添加单击事件，实现备忘录的删除功能，代码如下

```
    private void btn2_Click(object sender, EventArgs e)
    {
        lbx1.Items.RemoveAt(lbx1.SelectedIndex);//
    }
```

（3）编写"Timer1"计时器的Tick事件代码

```
private void timer1_Tick(object sender, EventArgs e)
{//取当前时间
    DateTime nowtime = newDateTime();
    nowtime = DateTime.Now;
    lbl4.Text = nowtime.ToLongDateString()+"    "+nowtime.ToLongTimeString();
    //显示提醒内容
    tbx1.Text = "";
    bool haveremind = false;//假设本时段内没有提醒通知
    for (int i = 0; i < lbx1.Items.Count; i++)
    {
        String item = lbx1.Items[i].ToString();//取得日程表中的一个行程记录
        String strdate = item.Split('#')[0];//取得日程表中的日期
        int rctime = Convert.ToInt32(item.Split('#')[1]);//取得日程表中的提醒时间点
        String strcontent = item.Split('#')[2];//取得日程表中的内容
        if (nowtime.ToShortDateString().Equals(strdate))
        {//如果当前日期与行程日期相等
            String schcontent = rctime.ToString() + "点钟行程安排:" + strcontent;
            tbx1.Text = tbx1.Text + schcontent + "\r\n";//显示到今日提醒中
            int pluscolock = (nowtime.AddHours(1)).Hour;
            //如果提醒时间在当前一小时内
            if (rctime >= nowtime.Hour && rctime < pluscolock)
            {
                lbl2.Text ="即时提醒:"+ strcontent;
                haveremind = true;//有提醒通知
            }
        }
    }
    if(!haveremind)
        lbl2.Text = "即时提醒: 本时段内暂无";
}
```

（4）编写"Timer2"计时器的Tick事件代码

```
private void timer2_Tick(object sender, EventArgs e)
{//此计时器实现"跑马灯"效果
    lbl2.Left = lbl2.Left + dir*10;//根据方向加减标签位置，产生移动效果
    if (lbl2.Left >this.Width - lbl2.Width)//如果移动到窗体最右边
        dir = -1;//更改方向为向左
    if (lbl2.Left <0)//如果移动到窗体最左边
        dir = 1;//更改方向为向右
}
```

（5）添加窗体全局变量

Timer2的Tick事件中，用到的dir需要定义成窗体全局变量，代码如下：

```
nt dir = 1;//1表示向右,-1表示向左
```

6. 其他代码完善

主界面窗体form10中的日程备忘button5的单击事件过程代码如下：

```
private void button5_Click(object sender, EventArgs e)
{
    Form form10 = new Form10();
    Form10.ShowDialog();
}
```

7. 测试运行

按<F5>键运行程序，初始效果如图1-94所示，在备忘内容中，分别添加了三条备忘信息，其中一条为以后提醒的时间，一条为今日内提醒，一条为当前一小时内提醒，效果如图1-95所示。可见有两条信息显示在今日提醒中，一条显示在即时提醒中。

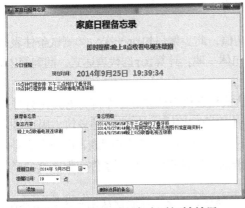

图1-94　家庭日程备忘录初始效果

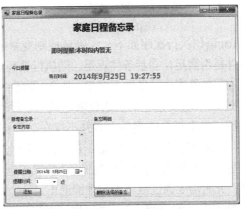

图1-95　家庭日程备忘录添加日程前后效果

必备知识

1. 日期相关计算函数

在本任务中涉及了一些日期计算的程序，因而使用到了一些相关日期计算的方法，见表1-41（其中x为数值，若为正值就是增加，若为负数就是减少）。

表1-41　日期加减法运算函数

函　　数	功　　能
AddYears(x)	年份的加减
AddMonths(x)	月份的加减
AddDays(x)	日期的加减
AddHours(x)	小时的加减
AddMinutes(x)	分钟的加减
AddSeconds(x)	秒的加减
AddMilliseconds(x)	毫秒的加减

除了上面的函数外，还涉及另外两个获取相关参数的操作。

DayOfYear: 返回的是该年中的第几天；

DayOfWeek: 返回的是数字的星期几，星期日为0，其余依次类推。

2. 字符串处理相关知识

在本任务中涉及了字符串合并、拆分及比较的操作，字符串合并时使用普通的字符串连接符"+"即可。拆分时，需要使用字符串类内置的Split函数来完成，下面的语句段，将item字符串拆分成3个字符串，并通过下标来取得相应的字符串，此处的Split函数会根据提供的字符对指定字符串进行拆分，生成字符串数组（数组概念后面再介绍）。

```
String item ="中国#美国#朝鲜";
Stringitem1 = item.Split('#')[0] ;//将取得字符串"中国"
Stringitem2 = item.Split('#')[1] ;//将取得字符串"美国"
```

Stringitem3 = item.Split（'#'）[2] ;//将取得字符串"朝鲜"

3．for语句

循环语句可以实现一个或多个语句的重复运行。使用 for 循环，可以反复运行语句或语句块，直到指定的表达式计算为false。for循环体现了一种规定次数、逐次反复的功能。

基本语法：for(初始化表达式；条件表达式；迭代表达式)

{循环语句块；}

for语句执行次序如下：①循环控制变量赋初值，此步聚只执行一次；②测试条件表达式的条件是否满足；③若条件满足，则执行循环语句体一遍，计算for迭代表达式，回到第2步执行；④若条件表达式条件不满足，则for循环终止。

说明：①for语句的初始化表达式、条件表达式和迭代表达式这三个部分必须用分号来分隔，即使某个部分的实际内容并不存在。②初始化语句和更新语句可以是多句（用逗号来分隔），但是布尔表达式只能是一句。③初始化表达式由一个局部变量声明或者由一个逗号分隔的表达式列表组成。④for语句的3个参数都是可选的，如果不设置循环条件，程序就会产生死循环，此时需要通过跳转语句才能退出。

除了上述的介绍，for语句也可以进行嵌套，就是在一个for循环体中包含另一个for循环，这样可以帮助大家完成大量重复性、规律性的工作。但是由于嵌套for语句将消耗很大的资源，所以在实际开发项目时，能不使用嵌套的for语句尽量不要使用。

4．跳转语句

跳转语句主要用于无条件地转移控制，跳转语句会将控制转移到某个位置，这个位置就成为跳转语句的目标。跳转语句可以控制执行流，主要包括：break、continue、goto、return语句。

break语句，是终止当前的循环或者它所在的条件语句。

continue语句，是跳过本次循环未执行的代码，继续执行下一次循环。

goto语句，直接跳转到达已经标识好的位置上。

return是函数返回，后面可以跟一个可选的表达式。

任务拓展

对日程备忘录添加新功能，对即将需要提醒（时间正好碰到正点）的内容，弹窗提醒。

项目拓展　　**实现情景设置**

项目描述

做了许多的功能模块后，小董发现如果能够让用户自动添加一些新的场景和相关设备，更利于产品的扩展性，并且在设置时能够让用户自己设计相关的皮肤达到美观效果，会让整个家居应用软件系统更加完善。

项目分析

对于情景设置的功能，各个软件根据具体情况设置的都有所不同，有的以图像形式来展现和操作，如图1-96所示。有的以按钮形式来展现和操作，如图1-97所示。本项目模拟这些相关情景设置来完成相关功能。

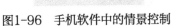

图1-96　手机软件中的情景控制

图1-97　情景控制效果

项目实施

1. 打开项目

启动Visual Studio 2010，在起始页中单击"打开项目"，打开任务9完成的项目。

2. 新建窗体

添加两个窗体，分别是form11和form12。

3. 设置窗体属性

设置窗体的相关属性，见表1-42。

表1-42　form11和form12窗体的属性设置

对象类型	对象名称	属　性	值
Form	form11	Text	情景设置
		BackgroundImage	b1.jpg
	form12	Text	添加场景

设置完成窗体效果如图1-98、图1-99所示。

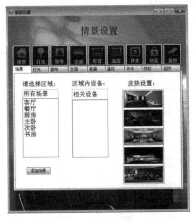

图1-98　情景设置窗体设置

图1-99　"添加场景"窗体设置

4. 添加图片资源到resources里面

双击资源管理器项目里Properties文件夹下的Resources.resx文件，出现Resources.resx视图，单击"添加资源"按钮，选择"添加现有文件"。

1）添加图片1.jpg、2.jpg、…、9.jpg，添加后的图片name分别为：_1、_2、_3、…、_9。

2）添加图片a1.jpg、b1.jpg、c1.jpg、d1.jpg、e1.jpg，添加后的图片name分别为：a1、b1、c1、d1、e1（大图）。

3）添加图片a2.jpg、b2.jpg、c2.jpg、d2.jpg、e2.jpg，添加后的图片name分别为：a2、b2、c2、d2、e2（小图）。

5. 添加"情景设置"主窗体元素

在主窗体上添加4个标签、10个按钮控件、2个组合框、1个选项卡控件、5个图片框，并分别设置属性，见表1-43。选项卡控件设置对话框如图1-100所示。

表1-43   form11窗体上的控件属性设置

对象类型	对象名称	属性	值
Label	Label1	Text	情景设置
		Font	21.75pt
		BackColor	Transparent
Button	Button1~9	Name	分别为：btn1~btn9
		Image	分别为：1.jpg、2.jpg、3.jpg、……9.jpg
TabControl	TabControl1	Name	分别为：tab1~tab9
		Text	分别为：场景、灯光、窗帘、空调、影音、温控、开关、防区、监控, 9个选项卡效果如图1-100所示
Label	Label1~3	Text	分别为：请选择区域：、区域内设备：、皮肤设置：
ComboBox	ComboBox1	Name	cboAdd
		Text	所有场景
		Items	客厅、餐厅、厨房、主卧、次卧、书房
	ComboBox2	Name	cboAdd1
		Text	相关设备
Button	Button10	Name	btnAdd1
		Text	添加场景
PictureBox	PictureBox1~5	Images	分别为：a2.jpg、b2.jpg、c2.jpg、d2.jpg、e2.jpg

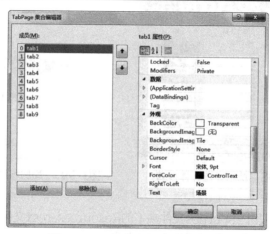

图1-100   选项卡控件设置对话框

6. 添加"添加场景"窗体元素

在主窗体上添加1个标签、2个按钮控件，1个文本框并分别设置属性，见表1-44。

表1-44　form12窗体上的控件属性设置

对象类型	对象名称	属性	值
Label	Label1	Text	请输入需要添加的场景名称:
TextBox	TextBox	Name	txtName
Button	Button1	Name	btnOK
		Text	确定
	Button2	Name	btnCacle
		Text	取消

7. 编写情景设置主窗体交互功能

（1）添加组合框场景选择的click事件，代码如下

```
private void cboAdd_Click(object sender, EventArgs e)
{
    int n;
    n = cboAdd.SelectedIndex;  //获取当前选定数据项的索引
    switch(n)
    {
    case 0: cboAdd1.Items.Clear();    //清除原来区域内相关设备的显示信息
            cboAdd1.Items.Add("吊灯");
            cboAdd1.Items.Add("窗帘");
            cboAdd1.Items.Add("空调");
            cboAdd1.Items.Add("电视");
            cboAdd1.Items.Add("鱼缸");
            cboAdd1.Items.Add("开关");
            cboAdd1.Items.Add("开关");
            cboAdd1.Items.Add("开关");    //添加客厅区域内的相关设备
    break;
    case 1: cboAdd1.Items.Clear();//清除原来区域内相关设备的显示信息
            cboAdd1.Items.Add("吊灯");
            cboAdd1.Items.Add("百叶帘");
            cboAdd1.Items.Add("光管");
            cboAdd1.Items.Add("冰箱");
            cboAdd1.Items.Add("效果灯");
            cboAdd1.Items.Add("开关");
            cboAdd1.Items.Add("开关");
            cboAdd1.Items.Add("开关");//添加餐厅区域内的相关设备
    break;
    case 2: cboAdd1.Items.Clear();//清除原来区域内相关设备的显示信息
            cboAdd1.Items.Add("光管");
            cboAdd1.Items.Add("节能灯");
            cboAdd1.Items.Add("纱窗");
            cboAdd1.Items.Add("微波炉");
            cboAdd1.Items.Add("电饭锅");
            cboAdd1.Items.Add("开关");
            cboAdd1.Items.Add("开关");
            cboAdd1.Items.Add("开关");//添加厨房区域内的相关设备
    break;
    case 3: cboAdd1.Items.Clear();//清除原来区域内相关设备的显示信息
            cboAdd1.Items.Add("调光灯");
            cboAdd1.Items.Add("壁灯");
```

```
              cboAdd1.Items.Add（"落地灯"）;
              cboAdd1.Items.Add（"吊灯"）;
              cboAdd1.Items.Add（"空调"）;
              cboAdd1.Items.Add（"窗帘"）;
              cboAdd1.Items.Add（"地暖"）;
              cboAdd1.Items.Add（"开关"）;
              cboAdd1.Items.Add（"开关"）;
              cboAdd1.Items.Add（"开关"）;//添加主卧区域内的相关设备
        break;
        case 4: cboAdd1.Items.Clear();//清除原来区域内相关设备的显示信息
              cboAdd1.Items.Add（"调光灯"）;
              cboAdd1.Items.Add（"光管"）;
              cboAdd1.Items.Add（"吊灯"）;
              cboAdd1.Items.Add（"空调"）;
              cboAdd1.Items.Add（"窗帘"）;
              cboAdd1.Items.Add（"地暖"）;
              cboAdd1.Items.Add（"开关"）;
              cboAdd1.Items.Add（"开关"）;
              cboAdd1.Items.Add（"开关"）;//添加次卧区域内的相关设备
        break;
        case 5: cboAdd1.Items.Clear();//清除原来区域内相关设备的显示信息
              cboAdd1.Items.Add（"光管"）;
              cboAdd1.Items.Add（"台灯"）;
              cboAdd1.Items.Add（"吊灯"）;
              cboAdd1.Items.Add（"空调"）;
              cboAdd1.Items.Add（"百叶帘"）;
              cboAdd1.Items.Add（"地暖"）;
              cboAdd1.Items.Add（"开关"）;
              cboAdd1.Items.Add（"开关"）;
              cboAdd1.Items.Add（"开关"）; //添加书房区域内的相关设备
        break;
    }
}
```

（2）"添加场景"按钮的Click事件代码如下

```
    private void btnAdd1_Click(object sender, EventArgs e)
    {
        Form12 fname = new Form12();
        fname.str = "请输入需要添加的场景名称: ";//修改提示信息内容
        fname.ShowDialog(); //打开"添加场景"窗体
        if (fname.returnname != "")
            {
                this.cboAdd.Items.Add(fname.returnname);
            }//将"添加场景"窗体中返回的场景追加到"所有场景"列表框的列表项后面
        fname.str = "请输入" + fname.returnname + "区域内设备: ";//修改提示信息内容
        while (fname.returnname != "")
            {
                fname.ShowDialog();
                this.cboAdd1.Items.Add(fname.returnname); }
    }//打开"添加场景"窗体, 逐一追加新建场景的区域内设备, 直到不输入信息或
    //者单击"取消"按钮就结束添加
```

（3）"皮肤设置"的Click事件代码如下

```
    private void pictureBox1_Click(object sender, EventArgs e)
    {
        this.BackgroundImage = scene.Properties.Resources.a1;
    } //设置窗体的背景图片为a1.jpg
```

```
private void pictureBox2_Click(object sender, EventArgs e)
{
    this.BackgroundImage = scene.Properties.Resources.f1;
}
private void pictureBox3_Click(object sender, EventArgs e)
{
    this.BackgroundImage = scene.Properties.Resources.c1;
}
private void pictureBox4_Click(object sender, EventArgs e)
{
    this.BackgroundImage = scene.Properties.Resources.d1;
}
private void pictureBox5_Click(object sender, EventArgs e)
{
    this.BackgroundImage = scene.Properties.Resources.e1;
}
```

8. 编写"添加场景"窗体交互功能

（1）声明两个字符型的公共变量

```
public string returnname;  //返回的场景和区域内设备信息字符
public string str;    //提示信息
```

（2）设置"确定"和"取消"按钮的Click代码如下

```
private void btnOK_Click(object sender, EventArgs e)
{
        returnname =txtName.Text;将用户输入的信息赋值给变量returnname
        txtName.Text = "";
        Close();//关闭窗体
}
private void btnCacle_Click(object sender, EventArgs e)
{
        returnname = "";
        Close();//关闭窗体
}
```

（3）其他代码如下

```
private void Form12_Activated(object sender, EventArgs e)
{
        txtName.Focus();  //设置文本框的当前焦点
        label1.Text =str;  //修改提示标签信息
}
```

9. 其他代码完善

主界面窗体form11中的情景控制button5的单击事件过程代码如下：

```
private void button5_Click(object sender, EventArgs e)
    {
        Form form11 = new Form11();
        Form11.ShowDialog();
    }
```

10. 测试运行

按<F5>键运行程序，显示情景设置窗体，如图1-101所示，单击"添加场景"按钮，弹出"添加场景"对话框，根据提示输入"阳台"，单击"确定"按钮后，继续弹出"添加场景"按钮，根据提示输入阳台区域内的设备"洗衣机"，单击"确定"按钮后，会继续弹出

"情景设置"对话框，如图1-102所示，直到不输入信息或者单击"取消"按钮就结束添加。完成后"情景设置"窗体信息显示如图1-103所示。单击"皮肤设置"下的几张小图，可以修改背景图片的显示，如图1-104所示。

图1-101　添加场景窗体显示效果　　　图1-102　添加场景后显示的信息

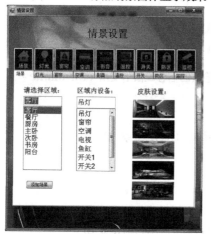

图1-103　添加场景后显示的信息　　　图1-104　添加场景后显示的信息

必备知识

1. 公共访问

公共访问（public）的关键字是类型和类型成员的访问修饰符。所有类型和类型成员都具有可访问性级别，用来控制是否可以在程序集的其他代码中或其他程序集中使用它们。可使用访问修饰符指定声明类型或成员时类型或成员的可访问性。

public关键字是公共访问，它是允许的最高访问级别，对访问公共成员没有限制。同一程序集中的任何其他代码或引用该程序集的其他程序集都可以访问该类型或成员。

在本项目拓展任务中，设置returnname和str为公共访问，方便在两个窗口中都可以调用和使用这两个变量的值。

2. 设置焦点Focus()

焦点就是当前操作的对象。

格式：对象名称.Focus()；

在本项目拓展任务中，让"添加场景"窗口一运行，就把光标定位在文本框中，等待用户输入信息，这时文本框就获得了焦点。

3．switch语句

选择语句用于根据某个表达式的值从若干条给定语句中选择一个来执行。选择语句包括if语句和switch语句两种。

switch语句是多路选择语句，它是根据某个值来使程序从多个分支中选择一个用于执行。

switch语句是根据测试的值来有条件地执行代码。

switch语句的基本语法是：

```
switch(控制表达式)
{
case常量表达式1: 语句块1;break;
  case常量表达式2: 语句块2;break;
  ……
  case常量表达式N: 语句块N;break;
[default: 语句块N+1; break;]
}
```

说明：switch 、case、default是C#关键字；每个常量表达式的值都必须是唯一的；为每个case语句都提供一个break语句，避免了直通到后续标签，造成很难发现的bug；break语句是用来阻止直通的最常见的方式，也可以用一个return语句或一个throw语句来替代它。

switch语句的控制结构如图1-105所示。

规则：只能将switch语句用于基本数据类型，如int或string；case标签必须是常量表达式，如4或"4"；不允许两个case标签具有相同的值；可以连续写一系列case标签（中间不可以插额外的语句），指定在多种情况下都运行相同的语句。

功能：控制表达式只求一次值，然后，程序逐个检查常量表达式，如果找到和常量表达式的值相等的一个，就执行由它标识的那个代码块，直到遇到break语句为止，switch语句就结束。程序继续从switch语句结束大括号之后

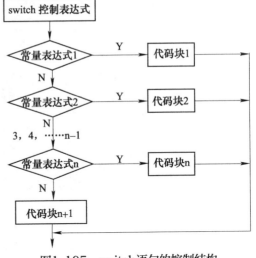

图1-105　switch语句的控制结构

的第一个语句继续执行。如果没有任何一个常量表达式的值等于控制表达式的值，就运行由可选的 default标签所标识的代码块。如果控制表达式的值和任何一个常量表达式不匹配，而且也没有default标签，程序就从switch的结束大括号之后的第一个语句继续执行。

4．while

While语句是有条件循环结构，可以有条件地将循环语句体执行0遍或若干遍。

格式：while(条件表达式)
　　　{循环语句块; }

执行过程：首先计算条件表达式的值，当值为true时，执行循环语句块，执行完毕重新计算条件表达式的值，若为true就一直执行下去；直到条件表达式的值为false时，结束循环。

说明：while循环是先判断条件，再执行过程，只有条件满足时才会继续执行。

项目延伸

虽然场景和区域内的设备能添加进去，但是如何保留住这些信息，当下次再访问该场景时能够将添加的信息显示出来，请尝试保留并显示添加信息。（提示：无论是原有信息还是新添信息都可以存放在数组中，以保留信息供以后使用）

设计一款智能农业为背景的上位机软件。

上网搜索智能农业的相关知识，了解智能农业的功能，模仿智能农业上位机的软件特点，结合本项目所学的智能家居上位机软件，设计并开发智能农业上位机软件，至少需要包括启动界面、主界面、大棚监测、智能联动控制、系统设置等软件模块，如图1-106为某智能大棚监测界面。

图1-106　智能大棚监测控制系统

本项目模拟了智能家居上位机软件的大部分功能，从本项目中可以了解到物联网智能家居的应用场景，同时也学习到了可视化编程的入门知识，从软件开发的流程介绍开始，到窗体的设计，各种常见控件的使用，程序设计中的赋值语句、选择语句、循环语句等C#语法知识。使读者能在做完一个个项目的同时，理解面向对象编程的基本概念，如对象、属性、事件和方法等要素，项目中每个任务均在上一个任务的基础上增加新的知识、新的控件使用，环环相扣。本项目从软件界面设计入手，逐渐增加程序设计思想内容，代码虽然都很简单但数量上不断增加，逐步培养读者编写代码的能力，为今后自己开发应用软件做好准备。

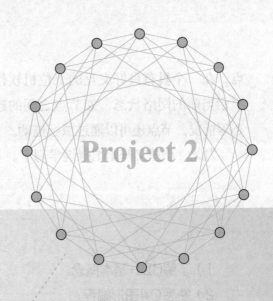

Project 2

项目**2**

绘制物联网网络拓扑图

项目概述

本项目主要通过完成一个可以拖动的物联网网络拓扑结构图，了解C#绘图的基础知识，掌握基本图形的绘制，了解C#中关于类的基本知识和应用。

本项目共分为四个任务，分别是绘制网络拓扑图节点、绘制网络拓扑图节点属性、改进的网络拓扑图和可以拖动节点的网络拓扑图。

项目情景

通过项目1的制作，小董已经掌握了许多编程所需要使用的控件知识，以及窗体的相互调用等技巧，也初步接触了程序设计中的基本语法和常用语句，特别是有关程序设计中的分支语句和循环语句，也慢慢地有了一些使用心得，现在他已能独立设计一个窗体了。

项目经理也为小董的进步感到高兴，但也给了小董一个更重要的任务，物联网中需要用到许多网络节

点，在一个具有良好交互的上位机软件中，能够即时展示当前的网络状态，如节点之间的连网、节点的状态等情况，节点还可以通过鼠标拖动。

为此，小董又开始忙碌地学习了。

学习目标

知识目标

1）了解GDI+基本概念。

2）熟悉C#图形编程。

3）掌握图形编程中的常见对象Font、Point、Rectangle的使用。

4）掌握图形编程中绘制线、矩形、椭圆、圆、文本、图像等方法。

5）了解面向对象编程的基础知识。

6）掌握类和对象以及对象的实例化等知识。

7）掌握鼠标事件和键盘事件。

8）学会使用Chart图表控件。

技能目标

1）培养使用信息技术解决问题的建模能力。

2）培养自学、实践的能力。

情感目标

1）培养软件开发的学习兴趣。

2）培养精益求精的编程品质。

| | 任务1 | 绘制网络拓扑图节点 |

任务描述

利用C#绘图技术，绘制物联网网络拓扑图，要求绘制1个协调器、1个路由器、4个终端节点，不同类型的节点用不同的图形或颜色表示，其中3个终端节点与路由器相连，1个终端节点和路由器直接与协调器相连，具体实现的效果如图2-1所示。

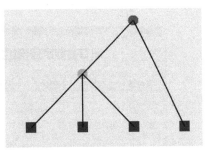

图2-1　简单物联网网络拓扑图效果

任务分析

想要绘制物联网网络节点拓扑图，可以使用C#的GDI+绘图技术绘制网络拓扑图节点，由于节点的类型一般会有3种，既协调器、路由器和终端节点，因此虽然拓扑图可以不需要直接画出实物，但还是需要对3种节点使用不同的图形或颜色进行区别，各个节点根据需要，通过绘制线条进行连接。

在C#中，大多数的可视化对象上面均可以绘制图形，不过一般都使用窗体或图片框控件当作画布并在其上绘制图形。本项目为了方便使用窗体当画布。

任务实施

1. 在主界面上添加网络拓扑结构图窗体

（1）打开原项目

启动Visual Studio 2010，打开原来的智能家居仿真软件。

（2）新建窗体

在项目中添加新的窗体，窗体的名称为topo，并在窗体底部添加4个按钮，修改属性见表2-1。最终效果如图2-2所示。

表2-1　窗体及控件属性设置

对 象 类 型	对 象 名 称	属　性	值
Form	topo	Width	800
		Height	700
		StartPosition	CenterScreen
		Text	网络拓扑图
Label	Label1	Text	职专智能家居网络拓扑图
		Font	微软雅黑，26.25pt，style=Bold
		ForeColor	Maroon
		BackColor	Transparent
Button	butCoord	Text	绘制协调器
	butRouter	Text	绘制路由器
	butTerm	Text	绘制终端节点
	butLine	Text	绘制连线

（3）修改主窗体

在主窗体（Form2）的界面上添加新的按钮，用来打开新建绘制拓扑图窗体，效果如图2-3所示，并在按钮的单击事件中添加如下代码：

```
private void button7_Click(object sender, EventArgs e)
    {
            Form topo = new topo();
            topo.ShowDialog();
    }
```

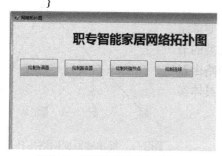

图2-2 网络拓扑图界面效果

图2-3 主界面添加按钮后的效果

2. 绘图初始化

在窗体中定义全局变量，分别是画布对象、画刷对象和画笔对象，代码如下：

```
Graphics dc;      // 定义画布
Brush brush;      //定义画刷
Pen pen;          //定义画笔
```

在窗体的载入事件中，初始化画布对象，代码如下：

```
private void topo_Load(object sender, EventArgs e)
    {
        dc = this.CreateGraphics();          //初始化画布为窗体
    }
```

3. 绘制协调器

添加"绘制协调器"按钮的单击事件，具体代码如下：

```
private void butCoord_Click(object sender, EventArgs e)
    {
        brush = Brushes.Magenta;      //更改画刷颜色为洋红色
        //在坐标（400，200）的位置处画一个直径为20的填充圆
        dc.FillEllipse(brush, 400, 200, 20, 20);
    }
```

4. 绘制路由器

添加"绘制路由器"按钮的单击事件，具体代码如下：

```
private void butRouter_Click(object sender, EventArgs e)
    {
        brush = Brushes.Yellow;      //更改画刷颜色为黄色
        //在坐标（300，300）的位置处画一个直径为20的填充圆
        dc.FillEllipse(brush, 300, 300, 20, 20);
    }
```

5. 绘制终端节点

添加"绘制终端节点"按钮的单击事件，具体代码如下：

```
private void butTerm_Click(object sender, EventArgs e)
    {
        brush = Brushes.Green;        //更改画刷颜色为绿¨
        //在坐标（200，400）的位置处画一个长宽为20的填充正方形
        dc.FillRectangle(brush, 200, 400, 20, 20);
        //在坐标（300，400）的位置处画一个长宽为20的填充正方形
        dc.FillRectangle(brush, 300, 400, 20, 20);
        //在坐标（400，400）的位置处画一个长宽为20的填充正方形
        dc.FillRectangle(brush, 400, 400, 20, 20);
        //在坐标（500，400）的位置处画一个长宽为20的填充正方形
        dc.FillRectangle(brush, 500, 400, 20, 20);
    }
```

此处，共绘制4个终端节点，都在同一个水平位置上，但间隔100个像素。

6. 绘制连线

添加"绘制连线"按钮的单击事件，具体代码如下：

```
private void butLine_Click(object sender, EventArgs e)
{
        pen = new Pen(Color.Black, 2);//初始化画线笔的样式，黑色，2像素宽
        //绘制协调器与路由器之间的连线
        dc.DrawLine(pen, 400+10, 200+10, 300+10, 300+10);
        //路由器与终端节点的连线
        dc.DrawLine(pen, 300 + 10, 300 + 10, 200 + 10, 400 + 10);
        dc.DrawLine(pen, 300 + 10, 300 + 10, 300 + 10, 400 + 10);
        dc.DrawLine(pen, 300 + 10, 300 + 10, 400 + 10, 400 + 10);
        //协调器与终端节点的连线
        dc.DrawLine(pen, 400 + 10, 200 + 10, 500 + 10, 400 + 10);
}
```

这里分别绘制了协调器与路由器、3个终端节点与路由器、1个终端节点与协调器之间的连线，画线的两头坐标都在画节点位置的基础上加上10个像素，这样，可以使线头正好在节点的中心位置，但此处仍存在一些小问题，节点图像部分会被后来画上的连线给覆盖掉，这个问题在后面的任务中再解决，如果此处先画线再画节点也可以解决这个问题。

必备知识

1. GDI+概述

C#中的控件非常丰富，但毕竟都是开发工具预定义的，很难满足全部的软件开发需要，特别是有时候需要在屏幕上绘制定制的颜色或图形对象来制作一些简单的图形程序时，就需要使用图形开发技术，C#中使用的是GDI+，GDI+是图形设备接口的高级版本，提供了二维图形、图像处理等功能，使用GDI+可以用相同的方式在屏幕或打印机上显示信息，忽略特定底层硬件设备细节。

2. 创建Graphics对象

Graphics类是GDI+的核心，包含了绘制直线、曲线、图形、图像和文本的方法，它是进行一切GDI+操作的基础类，它对底层进行封装，屏蔽硬件细节，对上层提供方法，完成各种绘图功能，创建Graphics有3种方法。

1）在窗体或控件的Paint事件中创建，将其作为PaintEventArgs类型的参数的一部分，在为控件绘制代码时，一般采用此方法，代码如下。

```
private void pictureBox1_Paint(object sender, PaintEventArgs e)
    {//图片框的Paint事件
        Graphics gp = e.Graphics;    //创建Graphics对象
    }
```

2）调用控件或窗体的CreateGraphics方法以获取对Graphics对象的引用，此方法可以用在已经存在的窗体或控件上绘图，代码如下。

```
private void Form1_Load(object sender, EventArgs e)
    {
        Graphics gp = pictureBox1.CreateGraphics();//创建图片框的Graphics对象
    }
```

3）如果需要更改已经存在的图像文件，可以使用第三种方法，通过FromImage方法创建Graphics对象，代码如下。

```
private void Form2_Load(object sender, EventArgs e)
    {
        Bitmap bt = new Bitmap(@"C:\test.bmp");
        Graphics gp = Graphics.FromImage(bt);//创建一个bmp文件的Graphics对象，以备修改
    }
```

3. 创建Pen对象

在绘制图形或线条时，需要有画笔对象，主要定义画笔的颜色和宽度，比如要创建一个颜色为红色，宽度为1像素的画笔，可以使用如下代码。

```
Pen redpen = new Pen(Color.Red, 1);
```

此处在构建Pen实例时，使用了两个参数，其中Color.Red为红色，而"1"为线条宽度，为1像素。这里的Color是常量类，其成员对应相应的颜色值，基本上是一些能叫出名称的颜色，如Bule为蓝色、Black为黑色等。

4. 创建Brush对象

Brush为画刷对象，主要用来填充几何图形的内部颜色，它有SolidBrush单色填充类和HatchBrush特定样式填充类等，也可以直接使用Brushes类的成员，此类预定义了许多SolidColorBrush对象。如想要用一个绿色的填充画刷可以使用如下代码。

```
Brush  greenBrush = Brushes.Green;
```

5. GDI+中绘制直线

绘制直线的方法是Graphics类中的DrawLine方法，绘制前指定画笔样式，绘制时需要指定直线两个端点的X，Y的值，语法如下。

```
public void DrawLine(Pen pen, int x1, int y1, int x2, int y2)
```

这里的（x1, y1）为每一个点的坐标，（x2, y2）为第二个点的坐标，假如要绘制一条从（100，200）起点到（100，500）终点及线型为红色，2像素宽的线段，则代码如下。

```
private void button1_Click(object sender, EventArgs e)
    {
        Graphics gp = this.CreateGraphics();
        Pen p = new Pen(Color.Red, 2);
        gp.DrawLine(p, 100, 200, 100, 500);
    }
```

坐标值都是由x，y两个值组成的，也可以使用Point类，如下代码表示生成一个（100，

200）的坐标点实例。

```
Point p1=new Point(100,200);
```

那么上面的画线语句可以写成如下语句。

```
private void button1_Click(object sender, EventArgs e)
    {
        Graphics gp = this.CreateGraphics();
        Pen p = new Pen(Color.Red, 2);
        Point p1=new Point(100,200);
        Point p2=new Point(100,500);
        gp.DrawLine(p,p1,p2);
    }
```

虽然上面的代码比原来的增加了两条语句，但是阅读代码更容易了。

6. GDI+中绘制矩形

通过Graphics类中的DrawRectangle方法可以绘制矩形图形，指定的高度和宽度相同时，可以绘制正方形，语法如下。

```
public void DrawRectangle(Pen pen, int x, int y, int width, int height)
```

如果要在坐标为（200，200）的窗体位置处绘制一个边长为20像素的正方形，颜色为绿色，线框为2个像素宽，可以使用如下语句。

```
private void button1_Click(object sender, EventArgs e)
    {
        Graphics gp = this.CreateGraphics();
        Pen p = new Pen(Color.Green, 2);
        gp.DrawRectangle(p, 100, 100, 20, 20);
    }
```

如果需要绘制填充矩形，则使用FillRectangle方法，语法如下。

```
public void FillRectangle(Brush brush, int x, int y, int width, int height)
```

如果要在坐标为（300，300）的窗体位置处绘制一个边长为20像素的填充正方形，颜色为绿色，可以使用如下语句。

```
private void button1_Click(object sender, EventArgs e)
    {
        Graphics gp = this.CreateGraphics();
        Brush b=Brushes.Red;
        gp.FillRectangle(b, 300, 300, 20, 20);
    }
```

7. GDI+中绘制椭圆

通过Graphics类中的DrawEllipse方法可以绘制椭圆，绘制普通椭圆时需要指定画笔样式，绘制填充椭圆时，需要指定画刷样式，如果需要画圆也可以使用此方法，只要指定的高度和宽度值相同就可以，具体语法如下。

```
public void DrawEllipse(Pen pen, int x, int y, int width, int height)
```

如果要在坐标为（100，100）的窗体位置上绘制一个直径为20像素的圆，则使用如下语句。

```
private void button1_Click(object sender, EventArgs e)
    {
        Graphics gp = this.CreateGraphics();
        Pen p = new Pen(Color.Red, 2);
```

```
        gp.DrawEllipse(p, 100, 100, 10, 10);
    }
```

如果需要绘制填充圆，则使用FillEllipse方法，其语法如下。

public void FillEllipse(Brush brush, int x, int y, int width, int height)

如果要在坐标为（100, 100）的窗体位置上绘制一个直径为20像素的填充圆，则使用如下语句。

private void button1_Click(object sender, EventArgs e)

```
    {
        Graphics gp = this.CreateGraphics();
        Brush b=Brushes.Red;
         gp.FillEllipse(b, 100, 100, 10, 10);
    }
```

任务拓展

修改本任务，使每画一个图形的时候均可以自定义绘制的颜色。

任务2 绘制网络拓扑图节点属性

任务描述

任务1的网络拓扑图能基本反映物联网Zigbee的连网情况，但还需要对一些细节加以补充，如每个节点都应该有文字说明，指明这是什么类型的协调器，短地址和MAC地址是多少等。另外，简易的图形最好能用外部图像文件形式来绘制，使拓扑图更加生动，如图2-4所示。

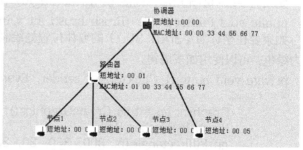

图2-4 带节点属性的网络拓扑图效果

任务分析

对于说明文字的显示，可以使用Label标签控件来实现，但当所要说明的内容比较多的时候，容易使窗体上产生大量的控件，不利于管理，效率也低，所以本任务使用绘制方法DrawString，将相应的文字绘制在画布上。

使用外部图像文件来绘制节点图标可以使用DrawImage方法，此方法还可以对源文件图像的大小进行控制。

任务实施

1. 打开原有项目

打开任务1完成的项目，切换到topo窗体。

2. 在窗体上新增4个按钮

修改属性见表2-2。最终效果如图2-5所示。

表2-2 新添加控件属性

对象类型	对象名称	属性	值
Button	butCoordimage	Text	图像协调器
	butrouterimage	Text	图像路由器
	buttermimage	Text	图像终端
	butmeno	Text	绘制节点说明

图2-5 网络拓扑图窗体界面

2. 绘制节点说明文字

给"绘制节点说明"按钮添加单击事件,代码如下。

```
private void butmeno_Click(object sender, EventArgs e)
{
    //绘制节点属性说明
    brush = Brushes.Blue;                 //定义蓝色笔刷
    Font font = new Font("宋体", 10);//定义10号宋体字
    //绘制协调器属性说明文字
    dc.DrawString("协调器", font, brush, 400+20, 200-20);
    dc.DrawString("短地址: 00 00", font, brush, 400+20, 200);
    dc.DrawString("MAC地址: 00 00 33 44 55 66 77", font, brush, 400 +
                   20, 200 + 20);
    //绘制路由器属性说明文字
    dc.DrawString("路由器", font, brush, 300 + 20, 300 - 20);
    dc.DrawString("短地址: 00 01", font, brush, 300 + 20, 300);
    dc.DrawString("MAC地址: 01 00 33 44 55 66 77", font, brush, 300 +
                   20, 300 + 20);
    //绘制各节点属性说明文字
    dc.DrawString("节点1", font, brush, 200 + 20, 400 - 20);
    dc.DrawString("短地址: 00 02", font, brush, 200 + 20, 400);
    dc.DrawString("节点2", font, brush, 300 + 20, 400 - 20);
    dc.DrawString("短地址: 00 03", font, brush, 300 + 20, 400);
    dc.DrawString("节点3", font, brush, 400 + 20, 400 - 20);
    dc.DrawString("短地址: 00 04", font, brush, 400 + 20, 400);
    dc.DrawString("节点4", font, brush, 500 + 20, 400 - 20);
    dc.DrawString("短地址: 00 05", font, brush, 500 + 20, 400);
}
```

3. 绘制协调器

给绘制协调器按钮添加如下代码。

```
private void butcoordimage_Click(object sender, EventArgs e)
    {
```

```
    //载入图像文件
    Image newImage = Image.FromFile（"coordinator.jpg"）;
    //设置位置和大小
    Rectangle destRect = newRectangle(400, 200, 20, 20);
    //在指定的位置绘制指定大小的图像
    dc.DrawImage(newImage, destRect);
}
```

4. 绘制路由器

给绘制路由器按钮添加如下代码。

```
private void butrouterimage_Click(object sender, EventArgs e)
{
    //载入图像文件t
    Image newImage = Image.FromFile（"router.jpg"）;
    //设置位置和大小
    Rectangle destRect = newRectangle(300, 300, 20, 20);
    //在指定的位置绘制指定大小的图像
    dc.DrawImage(newImage, destRect);
}
```

5. 绘制终端节点

给绘制终端节点按钮添加如下代码。

```
private void buttermimage_Click(object sender, EventArgs e)
{
    //载入图像文件
    Image newImage = Image.FromFile（"terminal.jpg"）;
    //设置位置和大小
    Rectangle destRect = new Rectangle(200, 400, 20, 20);
    //绘制第1个节点
    dc.DrawImage(newImage, destRect);
    destRect.X = 300;
    //绘制第2个节点
    dc.DrawImage(newImage, destRect);
    destRect.X = 400;
    //绘制第3个节点
    dc.DrawImage(newImage, destRect);
    destRect.X = 500;
    //绘制第4个节点
    dc.DrawImage(newImage, destRect);
}
```

必备知识

1. Font字体对象

在窗体上可以使用文本的地方都可以通过Font属性设置字体，一般是通过对话框来完成的，但有时候，需要使用代码来控制字体，此时可以生成一个特定的Font对象。

在画布中绘制文本，需要一个实例化Font字体对象，以指明绘制文字时所使用的是哪种字体及样式，如以下语句就是生成一个"宋体"及5号大小的字体对象。

Font f=new Font（"宋体",5）;

如果需要再添加字体为粗体和斜体之类的样式，可以再指定FontStyle样式参数，如以下语句可以生成一个"华文楷体"、10号大小、粗体的字体对象。

Font f=new Font("华文楷体", 10, FontStyle.Bold);

这里使用的初始化构造函数原型如下。

Font(FontFamily, Single, FontStyle)

FontFamily参数是系统中可以使用的字符集名称，Single是用来指定字体的大小，FontStyle是字形样式，是一个枚举类，具体的成员及含义见表2-3。

表2-3　FontStyle枚举类型

成 员 名 称	说 　 明
Bold	加粗文本
Italic	倾斜文本
Regular	普通文本
Strikeout	中间有直线通过的文本
Underline	带下划线的文本

2. Point结构

在画布中绘制任何图形图像的时候，都需要指定绘制对象的坐标，这个坐标由X坐标和Y坐标整数对组成，Point结构就是这样包含X，Y坐标的整数对结构，用来表示画布二维平面上的一个点。

如定义一个X坐标为200，Y坐标为300的Point点对象，可以使用如下语句：

Point p=new Point(200, 300);

如果需要在此位置画一个正方形，可以使用如下代码：

```
private void button1_Click(object sender, EventArgs e)
    {
     Point p=new Point(200, 300);
     Graphics gp = this.CreateGraphics();
     Brush b=Brushes.Red;
     gp.FillRectangle(b, p, 20, 20);
    }
```

3. Rectangle结构

在画布上绘制图形图像时，经常需要指定图像的位置和大小，Rectangle结构就是存储四个整数的结构，可以表示一个矩形的区域，分别指定这个矩形区域的位置及高和宽的值，这里的位置是指这个矩形区域的左上角X坐标和Y坐标。

如果需要一个在坐标为（200，300）的地方定义一个长为20的正方形，可以使用如下语句。

Rectangle rec=new Rectangle(200, 300, 20, 20);

如果需要在此位置画一个正方形，可以使用如下代码。

```
private void button1_Click(object sender, EventArgs e)
    {
     Rectangle rec=new Rectangle(200, 300, 20, 20);
     Graphics gp = this.CreateGraphics();
     Brush b=Brushes.Red;
     gp.FillRectangle(b, rec);
    }
```

4. 绘制文本

在画布上经常需要绘制指定样式的文本字符串，可以使用Graphics类的DrawString方法，此方法的常用重载格式如下。

DrawString(String, Font, Brush, Single, Single)

此处的String参数为需要绘制的文本内容字符串，Font参数为字体的样式，Brush为绘制笔刷的样式，两个Single参数为绘制的坐标，下面的代码表示在画布上指定位置上绘制"中国人"3个字。

```
private void button1_Click(object sender, EventArgs e)
    {
        brush = Brushes.Blue;                    //定义蓝色笔刷
        Font font = new Font("黑体", 15);        //定义15号黑体字
        //绘制协调器属性说明文字
        dc.DrawString("中国人", font, brush, 200, 200);
    }
```

5. 从文件中载入图像

如果需要在画布上载入外部图像文件，可以使用Image类的FromFile方法来完成。此方法只需要指出文件所在的位置即可，可以使用绝对路径来表示文件所在的位置，也可以使用相对路径来表示文件的位置，下面的代码表示打开当前应用程序所在位置的myImage.jpg文件：

Image newImage = Image.FromFile("myImage.jpg");

此时需要将myImage.jpg文件提到工程所在目录的bin\debug或bin\Release目录下。

6. 绘制图像

从外部载入的图像首先保存在Image对象中，如果需要绘制到画布上，就需要使用Graphics类的DrawImage方法来实现。如下面语句可以将newImage对象的图像绘制到坐标为（200, 300）的位置上，高和宽为20像素。

dc.DrawImage(newImage, 200, 300, 20, 20);

下面是利用Rectangle对象绘制当前目录中的myImage.jpg到窗体画布上的完整代码。

```
private void button1_Click(object sender, EventArgs e)
    {
        Image newImage = Image.FromFile("myImage.jpg");//载入图像文件
        Rectangle destRect = new Rectangle(200, 300, 20, 20); //设置位置和大小
        dc.DrawImage(newImage, destRect); //绘制指定大小的图像到指定的位置
    }
```

任务拓展

修改本任务，使绘制文本的时候可以指定字体样式和颜色。

任务3　　**改进的网络拓扑图**

任务描述

通过前面的任务，绘制网络节点和连线都已经比较可靠，但是，一个真实的网络环境，网

络中的节点数将会非常多，如果都采用逐个绘制网络节点的方法，则代码的重复率会非常高，并且也不利于后期对节点的重绘和拖动等操作，需要采用面向对象的技术，简化代码，改进程序。

任务分析

由于在网络拓扑图中主要由节点和连线组成，而节点有许多相似的地方，比如每个节点都会有名称、地址、位置、对应图片等属性。这种情况下，可以提炼成对象类，在需要的时候，再实例化类。

任务实施

1. 打开项目

打开任务2完成的项目。

2. 新增节点类

在解决方案资源管理器中的项目列表的项目名称上单击鼠标右键，在弹出的快捷菜单中依次单击"添加""类"命令，如图2-6所示。

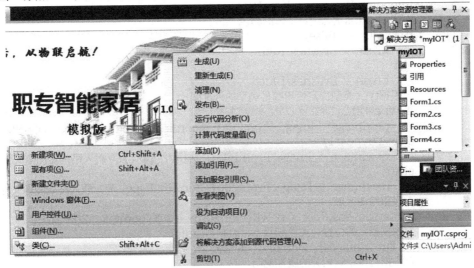

图2-6 给项目添加新的类

在添加新项对话框中输入名称"node.cs"，这样就新增了一个node类，在头部添加绘图命名空间语句如下。

```
using System.Drawing;//引用绘图命名空间
```

3. 添加类代码

在node.cs类中，添加类代码，完整代码如下。

```
using System;
using System.Collections.Generic;
using System.Linq;
using System.Text;
using System.Drawing;//引用绘图命名空间
namespace myIOT
{
/***************************
 *      定义节点类          *
 ***************************/
```

```
class node
    {
        public int type = 0;    //节点类型 0为终端，1为路由器，3为协调器
        public bool status = true;  //节点状态，true为活动的，false为非活动的
        public Point point;        //节点位置
        public Point linepoint;      //画线端点位置
        public String name;        //节点名称
        public String mac;        //节点mac地址
        public String shortaddr;     //节点短地址
        public bool drag = false;     //是否被拖动
        public void show(Graphics dc)    //绘制自身函数
        {
            Pen pen = new Pen(Color.Black, 2);   //定义画笔
            Brush brush;                 //定义蓝色笔刷
            Font font = new Font("宋体", 10);      //定义10号宋体字
            Image newImage;               //定义图片变量
            //根据节点位置，计算连线端点位置
            linepoint.X = point.X + 10;
            linepoint.Y = point.Y + 10;
            //根据status状态决定字体的颜色
            if (status == false)
                brush = Brushes.Red;
            else
                brush = Brushes.Blue;
            //根据type类型决定使用哪种类型的外部图片
            if(type==2)
                newImage = Image.FromFile("coordinator.jpg");//载入协调器图像文件
            else if(type==1)
                newImage = Image.FromFile("router.jpg");//载入路由器图像文件
            else
                newImage = Image.FromFile("terminal.jpg");//载入终端图像文件
            //设置绘图区域
            Rectangle destRect = newRectangle(point.X,point.Y, 20, 20);
            //根据指定的位置、类型和状态，绘制当前图像
            dc.DrawImage(newImage, destRect);
            //根据位置绘制相关的属性说明
            dc.DrawString(name, font, brush, point.X+20, point.Y-10);
            dc.DrawString(shortaddr, font, brush, point.X + 20, point.Y);
            dc.DrawString(mac, font, brush, point.X + 20, point.Y+10);
        }
    }
}
```

4. 修改网络拓扑图窗体

删除多余按钮，仅留一个按钮，并修改其Text属性为"初始化拓扑图"，最终完成的界面
如图2-7所示。

图2-7 改进版本的界面

5. 修改网络拓扑图窗体代码

修改原有代码，以下为修改后的完整窗体代码。

```csharp
using System;
using System. Collections. Generic;
using System. ComponentModel;
using System. Data;
using System. Drawing;
using System. Linq;
using System. Text;
using System. Windows. Forms;
namespace myIOT
{
Public partial class topo : Form
    {
    Graphics dc;      // 定义画布变量
    Pen pen;          //定义画笔
    node coord = new node();//定义协调器
    node router = new node();//定义路由器
    node term1 = new node();//定义节点1
    node term2 = new node();//定义节点2
    node term3 = new node();//定义节点3
    node term4 = new node();//定义节点4
    public topo()
        {
            InitializeComponent();
        }
      private void butCoord_Click(object sender, EventArgs e)
        {
          //初始化各节点
          coord. type = 3;
          coord. name = "协调器";
          coord. mac = "00 00 33 44 55 66 77";
          coord. shortaddr = "00 00";
          coord. point. X = 200;
          coord. point. Y = 200;
            //路由器节点
          router. type = 2;
          router. name = "路由器";
          router. mac = "01 00 33 44 55 66 77";
          router. shortaddr = "00 01";
          router. point. X = 150;
          router. point. Y = 300;
            //终端节点1
          term1. type = 1;
          term1. name = "节点1";
          term1. shortaddr = "00 02";
          term1. point. X = 100;
          term1. point. Y = 400;
            //终端节点2
          term2. type = 1;
          term2. name = "节点2";
          term2. shortaddr = "00 03";
          term2. point. X = 200;
          term2. point. Y = 400;
            //终端节点3
```

```
                term3. type = 1;
                term3. name = "节点3";
                term3. shortaddr = "00 04";
                term3. point. X = 300;
                term3. point. Y = 400;
                 //终端节点4
                term4. type = 1;
                term4. name = "节点4";
                term4. shortaddr = "00 05";
                term4. point. X = 400;
                term4. point. Y = 400;
                 //初始化节点属性后，绘制所有节点图形
                drawall();
            }
    private void topo_Load(object sender, EventArgs e)
            {
                //初始化
                dc = this. CreateGraphics();//初始化画布为当前窗体
                pen = new Pen(Color. Brown, 1);//初始化画线笔
            }
        private void drawall()
            {
                //清屏
                dc. Clear(Color. WhiteSmoke);
                 //显示各节点
                coord. show(dc);
                router. show(dc);
                term1. show(dc);
                term2. show(dc);
                term3. show(dc);
                term4. show(dc);
                 //画连接线
                dc. DrawLine(pen, coord. linepoint, router. linepoint);
                dc. DrawLine(pen, router. linepoint, term1. linepoint);
                dc. DrawLine(pen, router. linepoint, term2. linepoint);
                dc. DrawLine(pen, coord. linepoint, term3. linepoint);
                dc. DrawLine(pen, coord. linepoint, term4. linepoint);
            }
        }
    }
```

运行后的结果如图2-8所示。

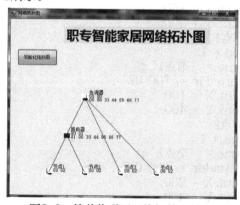

图2-8　简单物联网网络拓扑图效果

必备知识

1. 面向对象编程概述

最早的计算机语言是机器语言，相应的语句对应机器的某个特定的操作，后来为了方便记忆等原因，将机器指令用代码表示，产生了汇编语言。随着计算机的发展，程序变得越来越复杂，代码中的跳转变得越来越难以使用和阅读。20世纪60年代开始出现结构化程序设计语言，可以避免使用跳转语句goto语句，而采用子程序、分支语句、循环语句等来改善计算机程序的明晰性、品质以及开发时间。

面向对象程序设计是在结构化程序设计的基础上发展起来的，它是从现实世界中客观存在的事物（即对象）出发来构造软件系统，并在系统构造中尽可能运用人类的自然思维方式，强调直接以问题域（现实世界）中的事物为中心来思考问题、认识问题，并根据这些事物的本质特点，把它们抽象地表示为系统的对象，作为系统的基本构成单位。

面向对象编程的主要特征有封装性、继承性、多态性，面向对象编程的核心是类和对象。

2. 类和对象

类是一种数据结构，可以包含常量、方法、属性、事件等，类是对象在面向对象编程语言中的反映，是相同对象的集合。

例如，动物是一个类，可以区别于植物类，而动物类中，飞禽、爬行动物、人也是类，但是这些都是在动物类下面，算是子类或者叫派生类，因为他们都有共同的特点：身体是由细胞组成、能自由移动、从其他植物或动物身上获取能量的有机体。而人类有自己的属性，如有国籍、有姓名、有毛发、有语言、有肤色等共同属性，而具体到某个人，那就是对象了，如路上的某位行人，黑色头发、讲中文、黄色皮肤……名字叫张三的人。

总之，在C#中，类是具有数据类型和功能的数据结构，编程人员可以创建某个类的实例对象，具有相应的类的特征和方法，但又具有自身独特的属性和功能。

3. 对象的声明和实例化

（1）类的声明

在C#中，类的声明使用class关键字，语法格式如下。

```
类修饰符 class 类名
{
}
```

这里的类修饰符是用来声明类的访问权限的，常见的有如下几种。

public:不限制对该类的访问。

protected:只能从其所在类和所在类的子类进行访问。

private:只能在类内部进行访问。

以人为例声明一个类，代码如下。

```
public class Human
{
    public String name;//姓名
    public int age;//年龄
    public String country;//国籍
}
```

（2）构造函数和析构函数

构造函数和析构函数是类中比较特殊的两种成员函数，主要用来在对象生成时的初始化和在对象销毁时的资源回收，对象的生命周期就是从构造函数开始，析构函数结束。

项目 1

项目 2

项目 3

项目 4

附录

参考文献

构造函数具有与类相同的名称，而析构函数需要在函数名前加一个波浪号"~"，下面仍以人为例声明人类，增加类的构造函数和析构函数，代码如下。

```
public class Human
    {
    public String name;//姓名
    public int age;//年龄
    public String country;//国籍
    public Human()
        {
            name = "";
            age = 0;
            country = "中国";
        }
    ~Human()
        {
            name = Null;
            age = Null;
            country = Null;
        }
    }
```

注意，析构函数前面没有public等修饰符。

（3）类的实例化

一个类定义好了之后，使用时需要实例化，实例化类就是在内存中分配空间，一个类可以有多个实例，每个实例都有自己的内存空间，就像造房子需要设计图纸，一张设计图纸可以造许多的房子，图纸不具有实际的占用房子的空间，但建好的房子才有真正的空间。由于实例化后需要再访问这个实例的相关属性和方法，所以还需要把这个实例的地址赋给相对应的类变量，于是，想要实例化一个Human类的语句就会写成如下形式。

```
Human xiaoming=new Human();
```

这里的xiaoming是一个Human类型的变量，它指向一个实例化的Human类对象。

现在回头看看项目1中的如下代码。

```
Form f=new Form3();
```

这样的语句的含义就很清楚了，说明通过设计器设计好的窗体是个类，使用的时候需要实例化这个窗体类。

4. Color类的使用

绘制中经常需要使用颜色，这时就可以使用Color类来完成，下面的语句就是表示生成一个RBG值分别是255的颜色值。

```
Color c=Color.FromArgb(255, 255, 255);
```

这个FromArgb函数是Color的静态方法，还有一些其他重载方法，请读者自行尝试。

另外，也可以直接使用Color类中已经定义的140多个命名颜色，下面的语句段中的清屏语句中，使用的就是命名颜色值White，表示白色：

```
private void topo_Load(object sender, EventArgs e)
    {
    Graphics  dc = this.CreateGraphics();
    dc.Clear(Color.White);
    }
```

表2-4所示列出一些常见的颜色对照。

表2-4　常见颜色对照表

颜 色 名	英 文 名	十六进制代码
红色	Red	#FF0000
白色	White	#FFFFFF
黄色	Yellow	#FFFF00
黑色	Black	#000000
蓝色	Blue	#0000FF
绿色	green	#008000

更多的颜色对照请查阅MSDN相关资料。

任务拓展

修改本任务，使程序可以灵活配置协调器、路由器和节点的数目，并能自动绘制相关设备的连线。

任务4　可以拖动节点的网络拓扑图

任务描述

任务3的网络拓扑图大大简化了代码量，也有效地封装了节点的代码，使得节点的应用成为一个整体。在本任务中，还要实现节点的拖动功能，能通过鼠标任意拖动节点，一次只拖动一个节点。图2-9所示为初始化的拓扑图，图2-10所示为经过拖动后的拓扑图。

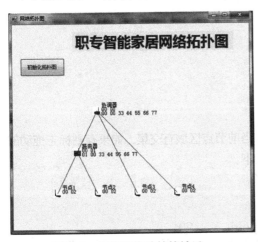

图2-9　拓扑图拖动前的效果

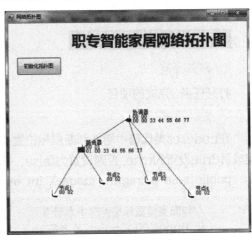

图2-10　拓扑图拖动后的效果

任务分析

由于本任务中的节点是通过绘图代码来实现的，绘制后的东西是无法通过程序来操作的，想要

项目1

项目2

项目3

项目4

附录

参考文献

拖动节点，必须使用不断重绘来实现，因此需要解决如何改变节点的位置，什么时候重绘等问题。

对于改变节点的位置，需要充分利用鼠标事件来完成，当用户准备拖动时，首先会按下鼠标左键，这时在鼠标按下事件中判断有无"按到"某个节点，如果有，则将此节点标为准备拖动，接着，鼠标开始移动，这时，需要即时改变这个节点的属性，并且重绘所有节点和连线，这样看上去就像节点被移动了，最后，当鼠标释放时，将节点的拖动标志取消，鼠标再移动时就不会再改变节点的位置和重绘了。

有无被鼠标"按到"，可以通过鼠标按下事件参数中的获取当前鼠标的坐标（X，Y）与画布上已经实例化的节点位置坐标进行比较得到，具体如图2-11所示。

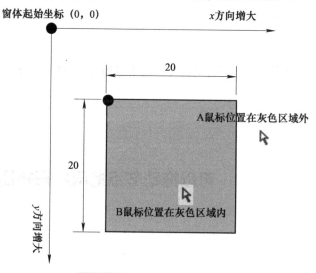

图2-11　鼠标位置与灰色区域

图中A鼠标位置中的X坐标大于x+20，所以可能判断在区域外，而B鼠标位置中的X坐标小于x+20且大于x以及位置中的Y坐标小于y+20且大于y，所以可以判断正好在灰色区域内。

任务实施

1. 打开项目

打开任务3完成的项目。

2. 修改node类

在node.cs类代码中增加判断鼠标位置是否与当前节点区域有交集，如果有则标志拖动的类成员drag设置为true，否则设置为false，代码如下。

```
public void isdrag(int mouseX, int mouseY)
    {
    //判断当前鼠标是否选中本节点
    if (mouseX > point.X && mouseX < point.X + 20
                &&mouseY > point.Y && mouseY < point.Y + 20)
            drag = true;
    else
            drag = false;
    }
```

3. 添加窗体的鼠标按下事件过程

拖动过程首先由鼠标按下事件开始，当鼠标按下时，逐个判断有无节点被按到，如果有一节点被按到，则停止判断，以防多个节点被同时选中。窗体鼠标按下事件代码如下。

```
private void topo_MouseDown(object sender, MouseEventArgs e)
    {
    //鼠标按下时，逐个判断是否有节点对象被选中
    coord.isdrag(e.X, e.Y);
    //如果已经选中，则不再判断下一个，防止多个选中
    if (coord.drag) return;
        router.isdrag(e.X, e.Y);
    if (router.drag) return;
        term1.isdrag(e.X, e.Y);
    if (term1.drag) return;
        term2.isdrag(e.X, e.Y);
    if (term2.drag) return;
        term3.isdrag(e.X, e.Y);
    if (term3.drag) return;
        term4.isdrag(e.X, e.Y);
    }
```

4. 添加窗体的鼠标移动事件过程

鼠标在窗体上移动时，需要根据当前节点的选中情况进行操作，如果某节点被选中，则相应的节点的位置随着鼠标的改变而改变，并且随时重绘窗体。具体的鼠标移动事件过程代码如下。

```
private void topo_MouseMove(object sender, MouseEventArgs e)
    {
    //鼠标移动时，根据当前对象的选中状态，更新节点坐标
    if (coord.drag)
        {
            coord.point.X = e.X;
            coord.point.Y = e.Y;
        }
    if (router.drag)
        {
            router.point.X = e.X;
            router.point.Y = e.Y;
        }
    if (term1.drag)
        {
            term1.point.X = e.X;
            term1.point.Y = e.Y;
        }
    if (term2.drag)
        {
            term2.point.X = e.X;
            term2.point.Y = e.Y;
        }
    if (term3.drag)
        {
            term3.point.X = e.X;
            term3.point.Y = e.Y;
        }
```

```
    if (term4. drag)
      {
          term4. point. X = e. X;
          term4. point. Y = e. Y;
      }
   //更新坐标后，再对所有节点进行重绘
    if (coord. drag || router. drag || term1. drag || term2. drag
                                    || term3. drag || term4. drag)
          drawall ();
   }
```

5. 添加窗体的鼠标释放事件过程

鼠标按键释放时，将发生释放事件，此时只需要将所有节点的拖动状态设置为非拖动状态即可，代码如下。

```
private void topo_MouseUp (object sender, MouseEventArgs e)
   {
      //鼠标释放时，取消所有对象选中状态
      coord. drag = false;
      router. drag = false;
      term1. drag = false;
      term2. drag = false;
      term3. drag = false;
      term4. drag = false;
   }
```

至此，网络拓扑图的绘制就完成了。

必备知识

1. MessageBox对话框

MessageBox对话框是比较常用的一个信息对话框，其不仅能够定义显示的信息内容、信息提示图标，而且可以定义按钮组合及对话框的标题，是一个功能齐全的信息对话框信息提示图标，还可以定义按钮组合及对话框的标题，是一个功能齐全的信息对话框。

格式：MessageBox. Show（"[文本框的文本]"，"标题"，MessageBoxButtons. [按钮]，MessageBoxIcon. [图标]，MessageBoxDefaultButton. [默认按钮]，MessageBoxOpation. [显示样式]）

按钮的形式：MB_OK（默认）、MB_OKCANCEL（确定取消）、MB_YESNO（是否）、MB_YESNOCANCEL（是否取消）。

返回值：IDCANCEL 取消被选、IDNO 否被选、IDOK 确定被选、IDYES 是被选。

2. 鼠标事件

C#可视化编程中，封装了鼠标的常见事件，比如MouseClick、MouseDown、MouseUp、MouseMove等，分别表示鼠标在可视化对象上的单击、按下、释放、移动事件。如果需要响应鼠标的单击事件，可以使用MouseClick事件，事件过程代码如下。

```
private void topo_MouseClick (object sender, MouseEventArgs e)
   {
          MessageBox. Show ("你单击了一下窗体");
   }
```

细心的读者可能会发现，窗体还有一个Click事件，代码如下：

```
private void topo_Click (object sender, EventArgs e)
```

项目2

绘制物联网网络拓扑图

项目1

项目2

项目3

项目4

附录

参考文献

```
    {
        MessageBox.Show("你单击了一下窗体");
    }
```

执行后的效果几乎是一样的，但比较两个事件过程中的参数，MouseClick有个MouseEventArgs参数，而Click只有EventArgs参数，EventArgs只是普通的事件参数类，而MouseEventArgs为专门处理鼠标事件的数据类，这里有非常重要的一些鼠标当前状态信息，比如当前的位置（X，Y）坐标，可以通过这个坐标来判断当前鼠标确切的单击位置，此外还有一些附加信息，比如鼠标是哪个按钮按下参数信息。

如下代码表示响应鼠标的右键单击，并将鼠标的当前位置显示出来。

```
private void topo_MouseClick(object sender, MouseEventArgs e)
    {
        if(e.Button==MouseButtons.Right)
        MessageBox.Show("鼠标右键在坐标（"+e.X+","+e.Y+"）处单击了一下窗体！");
    }
```

执行后在窗体上单击鼠标右键，会弹出如图2-12所示的提示。

3. 键盘事件

所有能获得焦点的控件都能捕获键盘的按键事件，键盘事件大致有三种：KeyDown、KeyUp、KeyPress，分别表示键盘按下、弹起、按键事件，这里的KeyPress按键事件表示连续的按下后再弹起的动作。

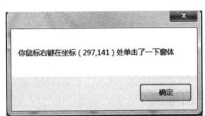

图2-12　响应鼠标右键单击

下面代码表示当butCoord按钮有焦点时，键盘按下一个键的时候，将响应的事件过程。

```
private void butCoord_KeyPress(object sender, KeyPressEventArgs e)
    {
        MessageBox.Show("你按了一个键");
    }
```

如果仅响应鼠标按下时的事件，则可以使用下面的代码。

```
private void butCoord_KeyDown(object sender, KeyEventArgs e)
    {
        MessageBox.Show("你按下了一个键");
    }
```

如果想要知道是哪个键按下了，可以通过事件参数KeyEventArgs或KeyPressEventArgs中的KeyChar属性来识别，KeyEventArgs事件参数类比KeyPressEventArgs事件参数类所带的属性要丰富，还可以同时识别是否按下了Ctrl、Alt和Shift等键的标志。下面的代码表示响应用户按下了某键。

```
private void butCoord_KeyDown(object sender, KeyEventArgs e)
    {
        MessageBox.Show("你按下了"+e.KeyCode+"键");
    }
```

如果需要识别是否按下了Ctrl+Q键，可使用如下语句。

```
private void butCoord_KeyDown(object sender, KeyEventArgs e)
    {
        if(e.Control==true&& e.KeyCode==Keys.Q)
            MessageBox.Show("你按下了Ctrl+Q键");
    }
```

当butCoord按钮获取焦点后，按<Ctrl>键的同时按下<Q>键时，会弹出如图2-13所示的提示。

此处使用了Keys枚举类，此类枚举了所有键盘代码，帮助开发人员忽略具体键值，可以直接使用其名称。

注意，窗体上如有其他控件能获取焦点，窗体的按键事件将无法触发。

图2-13　响应按键事件

任务拓展

修改本任务，当鼠标移动到协调器、路由器或终端节点时，在附近显示更多相关的信息，如终端节点上的温湿度等。

项目拓展　　绘制数据趋势图

项目描述

图表可以直观展现数据的变化情况，如物联网中的温度、湿度、光照度等的变化情况，本拓展任务完成一个能同时展示温度、湿度、光照度的变化趋势，3种数据用3种图表样式表现，数据由随机函数每隔一秒生成。最终效果如图2-14所示。

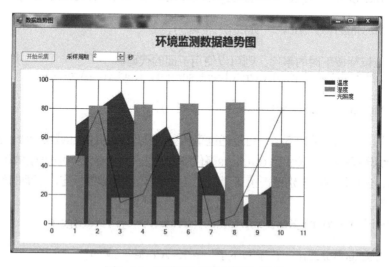

图2-14　环境监测数据趋势图效果

项目分析

数据趋势图的绘制比较复杂，而且样式特别多，如果使用C#的GDI+来绘制图形，会很吃力，本项目使用系统提供的Chart控件来实现，这个类只需要指定图形样式和数据组就可以简单地显示图表，非常实用。

任务实施

1. 打开项目

打开任务4完成的项目。

2. 新增数据趋势图窗体

在项目中添加新的窗体,窗体的名称为trendchart,并在窗体上添加控件,修改属性见表
2-5,效果如图2-15所示。

表2-5 窗体及控件属性设置

对 象 类 型	对 象 名 称	属　　性	值
Form	trendchart	Width	800
		Height	500
		StartPosition	CenterScreen
		Text	数据趋势图
Label	Label1	Text	环境监测数据趋势图
		Font	微软雅黑, 18pt, style=bold
	Label2	Text	采样周期
	Label3	Text	秒
Button	Button1	Text	开始采集
Timer	Timer1	Enabled	False
		Interval	2000
numericUpDown	numericUpDown1	Value	2
Chart	Chart1	Size	760, 360

在图表控件Chart1的设置中,ChartArea集合属性中保留一个成员ChartArea1,如图
2-16所示。

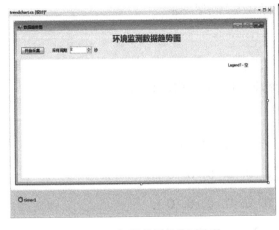

图2-15　新增数据趋势图窗体

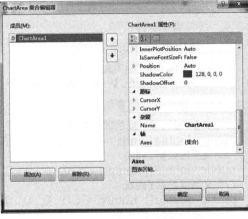

图2-16　图表属性CharArea集合

Legends集合属性中保留一个成员Legend1，如图2-17所示。Series集合属性中不保留任何成员，如图2-18所示。

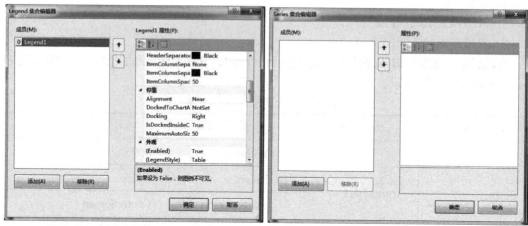

图2-17　图表属性Legends集合　　　　图2-18　图表属性Series集合

3. 修改主窗体

在主窗体（Form2）的界面上添加新的按钮，用来打开新建数据趋势图窗体，效果如图2-19所示，并在按钮的单击事件中添加如下两行代码。

```
Form trendchart = new trendchart();
trendchart.ShowDialog();
```

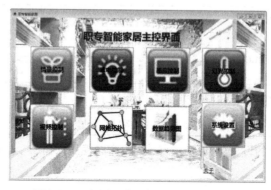

图2-19　主界面中添加数据趋势图按钮

4. 添加窗体全局变量

（1）引用Charting命名空间

```
//引用chart相关命名空间
using System.Windows.Forms.DataVisualization.Charting;
```

（2）添加窗体全局变量

```
//定义图表的x轴方向的数据列表
public double[] allx = { 1, 2, 3, 4, 5, 6, 7, 8, 9, 10 };
//定义温度数据Y列表
public double[] tempy = { 0, 0, 0, 0, 0, 0, 0, 0, 0, 0 };
//定义湿度数据Y列表
public double[] humiy = { 0, 0, 0, 0, 0, 0, 0, 0, 0, 0 };
//定义光照度数据Y列表
public double[] illuy = { 0, 0, 0, 0, 0, 0, 0, 0, 0, 0 };
```

```
//生成的数据Y次数
public int n = 0;
```

5. 添加开始采集按钮单击事件过程代码

单击"开始采集"按钮时，需要初始化图表，并开启计时器，具体代码如下。

```
private void button1_Click(object sender, EventArgs e)
    {
            //添加温度数据Y系列
            chart1.Series.Add("温度");
            //指定温度数据Y系列为区域图样式
            chart1.Series["温度"].ChartType = SeriesChartType.Area;
            //添加湿度数据Y系列
            chart1.Series.Add("湿度");
            //指定湿度数据Y系统为柱形图样式
            chart1.Series["湿度"].ChartType = SeriesChartType.Column;
            //添加光照度数据Y系列
            chart1.Series.Add("光照度");
            //指定光照度数据Y系列为线形样式
            chart1.Series["光照度"].ChartType = SeriesChartType.Line;
            //计时器开启
            timer1.Enabled = true;
            //初始化按钮设置为不可用
            button1.Enabled = false;
    }
```

6. 添加计时器Tick事件过程代码

计时器主要的工作是定时生成随机数字，以模拟从传感器上传来的数据，生成数字序列，具体代码如下。

```
private void timer1_Tick(object sender, EventArgs e)
    {
        //定义随机变量
        Random r = new Random();
        //如果数据次数小于数组个数，则直接按顺序填入随机数
        if (n < 10)
            {
                tempy[n] =r.Next(100);
                humiy[n] =r.Next(100);
                illuy[n] =r.Next(100);
            }
        else//如果数据次数大于数组个数
            {
            //将第2个数组元素起的数据往前移位
            for (int i = 1; i < 10; i++)
                {
                    tempy[i - 1] = tempy[i];
                    humiy[i - 1] = humiy[i];
                    illuy[i - 1] = illuy[i];
                }
            //在数组的最后位置填入新生成的随机数
            tempy[9] = r.Next(100);
            humiy[9] = r.Next(100);
            illuy[9] = r.Next(100);
            }
        n++;//数据个数加
        //分别重新绑定三条数据系列的值
```

项目
1

项目
2

项目
3

项目
4

附录

参考文献

```
chart1. Series ["温度"] . Points. DataBindXY (allx, tempy);
chart1. Series ["湿度"] . Points. DataBindXY (allx, humiy);
chart1. Series ["光照度"] . Points. DataBindXY (allx, illuy);
}
```

7. 添加数字选择控件值改变事件过程代码

数字选择控件值改变时，改变计时器的计时周期，具体代码如下。

```
private void numericUpDown1_ValueChanged (object sender, EventArgs e)
{
    //将数字选择控件中改变的值乘以1000赋给时钟的interval属性
    timer1. Interval = (int) numericUpDown1. Value* 1000;
}
```

必备知识

1. 数组

（1）基本概念

所谓数组，就是相同数据类型的元素按一定顺序排列的集合，就是把有限个类型相同的变量用一个名字命名，然后用编号区分它们变量的集合，这个名字称为数组名，编号称为下标。组成数组的各个变量称为数组的分量，也称为数组的元素，有时也称为下标变量。数组是在程序设计中，为了处理方便，把具有相同类型的若干变量按有序的形式组织起来的一种形式。这些按序排列的同类数据元素的集合称为数组。

在C#语法中，定义数组的格式为：

类型[] 变量名称 = new 类型[数组的大小]

如果需要定义一个有十个元素的整形数组ai，则语句编写如下。

int[] ai=new int[10];

（2）元素访问

数组一旦定义和初始化，则可以访问数组中的任意单元，每个单元都可以看成是一个变更，访问是使用下标来区别不同的元素。ai[0]代表数组ai的第一个元素，此处注意C#默认的数组下标从0开始，ai[9]为上面定义的10个元素的数组的最后一个元素。可以通过以下两条语句分别给数组中的元素赋值和引用。

ai[3]=1234;

int a=ai[4];

（3）元素的遍历

数组的优势不仅只体现在批量声明变量中，更重要的是可以通过循环对数组元素进行遍历，使用极少的语句就可以对整个数组元素进行初始化或数据处理。这是因为数组的下标不但可以使用整型常量，还可以使用变量或表达式，如下面的语句代表的就是访问ai数组的第4个元素。

int i=1;

ai[i+2]=4321;

利用这个特点，可以利用循环中的循环变量，非常方便地对某个数组进行初始化，如下语句组就是实现对ai数组元素初始化，执行后，数组元素的内容等于数组的下标值。

for(int i=0;i<10;i++)

ai[i]=i;

2. Chart控件概述

微软公司从.Net Framework 3.5版本开始，就引入了收购来的优秀的图表组件，并成为VS 2010以后版本的完全免费图表控件，该控件功能丰富，使用方便，常见的图表生成完全不需要了解GDI+编程技术，Chart控件支持多种图表（2D和3D），如饼图、柱状图、曲线图、散点图、雷达图、面积图、股票图等，图2-20和图2-21所示为一些2D图表的样式。

图2-22和图2-23所示为一些3D图表的样式。

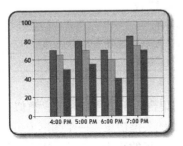

图2-20　柱形图

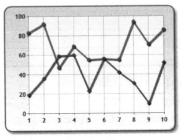

图2-21　折线图

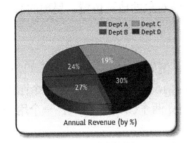

图2-22　三维饼图

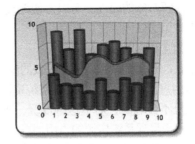

图2-23　三维柱形图

3. 图表的组成

使用图表前，需要了解图表的组成，以及图表中各个组成部分相对应的属性。Chart控件的示意如图2-24所示。

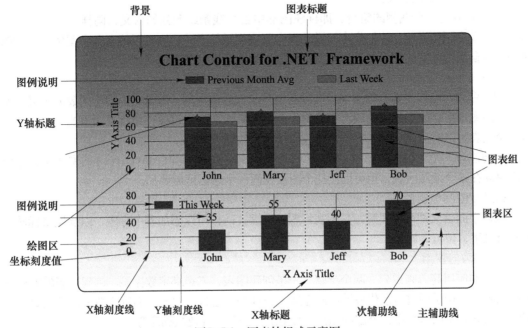

图2-24　图表的组成示意图

整个图表控件由多个区域组成，见表2-6。

表2-6　图表控件的区域组成

名　　　称	含　　　义
Annotations	图形注解集合
ChartAreas	图表区域集合
Legends	图例集合
Series	图表序列集合（即图表数据对象集合）
Titles	图表的标题集合

（1）Annotations注解集合

Annotations是一个对图形的一些注解对象的集合，所谓注解对象，类似于对某个点的详细或者批注的说明，比如，在图片上实现各个节点的关键信息，一个图形上可以拥有多个注解对象，可以添加十多种图形样式的注解对象，包括常见的箭头、云朵、矩行、图片等注解符号，通过各个注解对象的属性，可以方便地设置注解对象的放置位置、呈现的颜色、大小、文字内容样式等常见的属性。

（2）ChartAreas图表区域集合

ChartAreas可以理解为是一个图表的绘图区，例如，想在一幅图上呈现两个不同属性的内容，一个是用户流量，另一个则是系统资源占用情况，那么就需要在一个图形上绘制这两种情况，明显是不合理的，对于这种情况，可以建立两个ChartArea，一个用于呈现用户流量，另一个则用于呈现系统资源的占用情况。

当然了，图表控件并不限制添加多少个绘图区域，可以根据需要进行添加。对于每一个绘图区域，都可以设置各自的属性，如X，Y轴属性、背景等。

需要注意的是，绘图区域只是一个可以作图的区域范围，它本身并不包含要作图形的各种属性数据。

（3）Legends图例集合

Legends是一个图例的集合，即标注图形中各个线条或颜色的含义，同样，一个图片也可以包含多个图例说明，比如像上面说的多个图表区域的方式，则可以建立多个图例，每个图例说明各自绘图区域的信息，具体的图例配置说明此处就不详细说明了。

（4）Series图表序列

图表序列，应该是整个绘图中最关键的内容了，通俗点说，即是实际的绘图数据区域。实际呈现的图形形状，就是由此集合中的每一个图表来构成的，可以往集合里面添加多个图表，每一个图表可以有自己的绘制形状、样式、独立的数据等。

需要注意的是，每一个图表，都可以指定它的绘制区域（见ChartAreas的说明），让此图表呈现在某个绘图区域，也可以让几个图表在同一个绘图区域叠加。

（5）Titles标题合集

根据字面含义即可以理解，是图表标题的配置，同样可以添加多个标题，以及设置标题的样式及文字、位置等属性。

4. 图表的使用

图表的使用简单来说分为两个步骤，一是创建图表，二是绑定数据源。创建图表的方式一般有两种，一种是通过可视化设计界面完成，一种是通过代码生成。而绑定数据源的关键是数据源，数据源可以是数组，外部的Xml、Excel、CSV文件及数据库等。

（1）通过设计界面创建图表

首先拖动工具箱中的Chart控件到窗体中，并调整位置和大小，如图2-25所示。

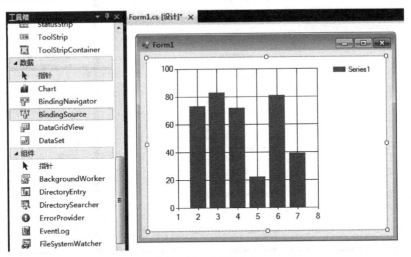

图2-25　创建图表

默认情况下，只要给定数据源，Chart控件就会以柱形图的方式展示数据，不需要做其他修改即能很好地工作。

接着，如果你要修改图例相关的设置，可以打开Legend属性Legend集合编辑器来完成，如图2-26所示。

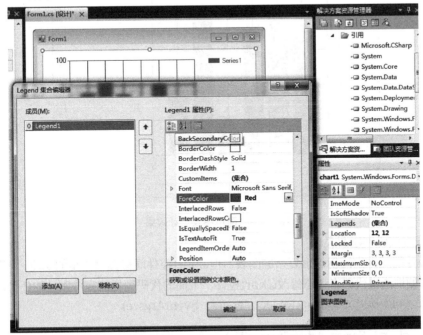

图2-26　设置图表的Legend属性

然后，设置图表最重要的属性Series集合，在这里可以给图表的序列指定样式，也可以增加多个序列，每个序列的样式都可以独立设置，如图2-27所示的设置即为定义了两个序列集合，而且序列Series2的图表样式ChartType为曲线Spline样式，最终设计效果如图2-28所示。

项目
1

项目
2

项目
3

项目
4

附录

参考文献

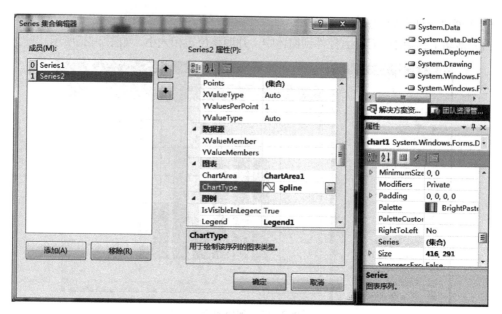

图2-27 设置图表的Series属性

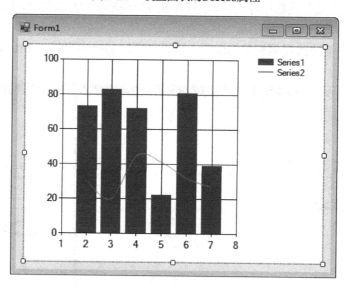

图2-28 简单图表设计效果

（2）通过代码创建图表

通过设计器基本上能创建很复杂的图表，但Chart控件同样提供丰富的功能，可以让编程人员非常方便地通过代码来动态修改Chart控件，下面的代码同样能完成刚才的任务。

```
private void button1_Click(object sender, EventArgs e)
    {
        chart1.Series.Add("Series2");
        chart1.Series["Series2"].ChartType = SeriesChartType.Spline;
    }
```

当然这里的前提条件是需要引入System.Windows.Forms.DataVisualization. Charting命名空间，使用SeriesChartType枚举类，此类常见的名称和含义见表2-7。

表2-7　窗体及控件属性设置

名　称	含　义	名　称	含　义
Point	点图类型	Pyramid	棱锥图类型
FastPoint	快速点图类型	StackedArea100	百分比堆积面积图类型
Bubble	气泡图类型	Pie	饼图类型
Line	折线图类型	Doughnut	圆环图类型
Spline	样条图类型	Stock	股价图类型
StepLine	阶梯线图类型	Candlestick	K线图类型
FastLine	快速扫描线图类型	Range	范围图类型
Bar	条形图类型	SplineRange	样条范围图类型
StackedBar	堆积条形图类型	RangeBar	范围条形图类型
StackedBar100	百分比堆积条形图类型	RangeColumn	范围柱形图类型
Column	柱形图类型	Radar	雷达图类型
StackedColumn	堆积柱形图类型	Polar	极坐标图类型
StackedColumn100	百分比堆积柱形图类型	ErrorBar	误差条形图类型
Area	面积图类型	BoxPlot	盒须图类型
SplineArea	样条面积图类型	Renko	砖形图类型
StackedArea	堆积面积图类型	ThreeLineBreak	新三值图类型
PointAndFigure	点数图类型	Kagi	卡吉图类型
Funnel	漏斗图类型		

（3）绑定数据源

图表创建好后，运行时仍为一空白图表，如图2-29所示，需要绑定数据源才能显示正常的图表，如图2-30所示。下面的代码使用数组作为数据源的例子。

```
private void button1_Click(object sender, EventArgs e)
{
    chart1.Series.Add("Series2");
    chart1.Series["Series2"].ChartType = SeriesChartType.Spline;
    int[] s1x = { 1, 2, 3, 4, 5, 6, 7, 8, 9, 10 };
    int[] s1y = { 15, 16, 17, 20, 30, 31, 50, 30, 20, 28 };
    int[] s2x = { 1, 2, 3, 4, 5, 6, 7, 8, 9, 10 };
    int[] s2y = { 20, 21, 33, 44, 24, 45, 46, 47, 36, 38 };
    chart1.Series["Series1"].Points.DataBindXY(s1x, s1y);
    chart1.Series["Series2"].Points.DataBindXY(s2x, s2y);
}
```

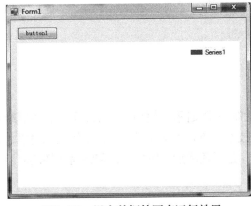

图2-29　没有数据的图表运行效果

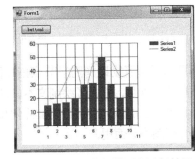

图2-30　有数据的图表运行效果

任务拓展

在本任务中，添加组合框，通过组合框选择不同的监测目标，图表即时更新显示不同的监测目标数据趋势图，监测目标有全部、温度、湿度、烟雾值、二氧化碳和光照度等。

为上位机软件设计一个简易画图程序，如图2-31所示，具体要求如下。

程序启动2s后，出现"简易画图程序"字样及花边，10s后消失。画图功能可以实现选择点、线条、矩形、圆形及自由画线等功能，绘制时可以选择颜色，如果绘制的是点、线条、自由画线及画矩形框和圆形框，则还可以指定大小。如果画矩形或圆形，结束时还可以显示长和宽信息。

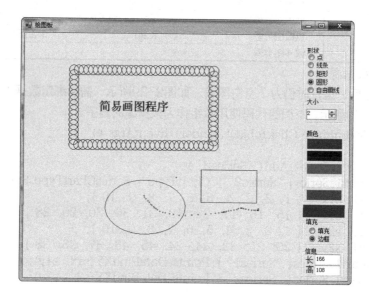

图2-31　简易画图程序界面

本项目模拟了物联网网络节点拓扑图的绘制技术及图表的使用，从最简单的图形绘制开始，逐渐改进项目，引入了绘制文本、图像等技术，还利用面向对象编程中的类和对象，对节点的绘制进行了提炼，使绘制更加简化和灵活，最后还增加了鼠标事件和键盘事件的应用，拓展模块介绍图表的使用。

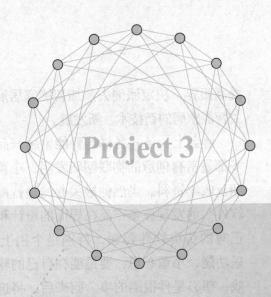

Project 3

项目3

开发智能家居游戏组件

项目概述

　　游戏是娱乐的一种方式，自从计算机被发明之后，人们又多了许多利用计算机游戏来娱乐的东西，适当的游戏使人快乐和放松。

　　本项目继续完善项目2完成的上位机软件仿真设计项目，通过完成两个娱乐组件，了解C#的数组概念和使用，了解C#文件的操作的基本知识，掌握C#网络编程，学会使用C#的基本算法解决实际问题。

　　本项目分两大部分，分为设计和开发扫雷游戏及五子棋游戏，共分为6个任务，分别是实现扫雷程序界面、实现扫雷功能、实现扫雷成绩榜、实现五子棋游戏界面、实现邀请好友功能、实现五子棋输赢判定功能。

项目情景

　　小董为公司写了智能家居仿真软件后，自身的技能也得到了极大的提高，同时得到了项目经理的嘉许和同事的肯定，项目经理为了鼓励小董更好地工作和

提高眼界，决定派他去参加智能家居展览会，学习有关智能家居的新技术、新发展。

　　展会上，各式各样的智能家居产品琳琅满目，很多都是富有创意的物联网新发明，小董两天来不断拍照及收集资料。当然他最关心的是智能家居的上位机软件，他发现许多产品在界面的设计和操作上都比自己写的仿真软件要强，特别是个别上位机还自带娱乐功能，小董心想，要是能在自己的软件加上几个游戏，想必是件很酷的事。回来后，将这个想法告诉了项目经理，项目经理觉得这个主意不错，最终确定在软件中加入两个小游戏，一是常见的扫雷游戏，二是可以联网的五子棋游戏，就让小董去尝试了。

学习目标

知识目标

1）了解游戏软件的编写流程。
2）熟悉数组的概念。
3）掌握数组的使用技巧。
4）掌握常用的算法。
5）了解网络编程方法。
6）掌握串口编程。

技能目标

1）培养分析并模仿软件的能力。
2）培养阅读他人代码，改造代码的能力。

情感目标

1）培养程序设计的合作开发精神。
2）培养勇于克服困难的编程品质。

任务1　实现扫雷程序界面

任务描述

微软在1992年发布的Windows 3.1中自带扫雷游戏，扫雷便成为一款相当大众的小游戏，游戏目标是在最短的时间内根据点击格子出现的数字找出所有非雷格子，同时避免踩雷。

本任务主要利用C#可视化编程，利用生成动态按钮数组，模拟扫雷界面，并通过算法，初始化雷区和雷数编号。

任务分析

参考如图3-1所示，扫雷的界面需要许多按钮，且排列整齐，如果按钮采用从工具箱中手工拖放到窗体上，费时费力，后期也非常难以管理，所以这里可以通过程序代码生成十行十列的二维控件数组，利用代码对生成的控件的位置加以控制，达到快速批量生成整齐的控件。

雷区的生成可以采用N（可以根据需要决定雷的个数）对随机数来完成，每对两个数，分别表示行的位置和列的位置，这里暂时将生成的结果标示在按钮的标签上。

标志的生成则需要遍历整个二维控件数组，对于非雷区，需要逐个观察周围3~8个位置的雷区情况，有多少雷则标志多大的数。

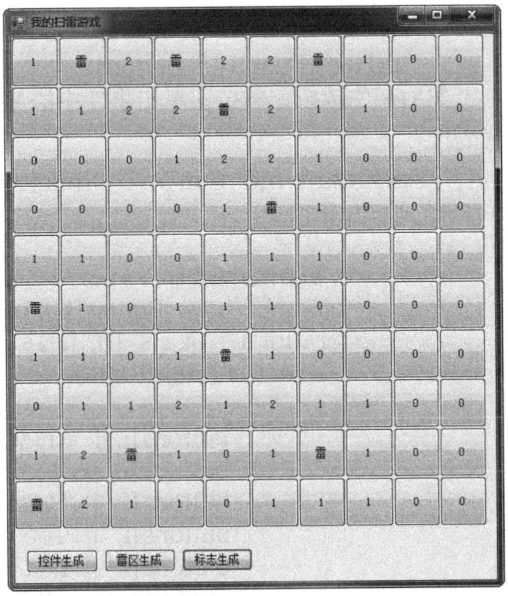

任务实施

1. 在原项目上添加娱乐窗体

（1）打开原项目

启动Visual Studio 2010，打开原来的智能家居仿真软件。

（2）新建窗体

在项目中添加新的窗体，并在窗体底部添加3个按钮，修改属性见表3-1。最终效果如图3-2所示。

图3-1　扫雷运行效果

表3-1　窗体及控件属性设置

对象类型	对象名称	属性	值
Form	MyMine	Width	520
		Height	590
		StartPosition	CenterScreen
		Text	扫雷游戏

（续）

对 象 类 型	对 象 名 称	属　　性	值
Button	CreateButton	Text	生成按钮
	CreateMine	Text	生成雷区
	CreateNumber	Text	生成标志

（3）修改主窗体

在主窗体的界面上添加新的按钮，用来打开新建扫雷窗体，并在按钮的单击事件中添加如下两行代码。

```
Form mymine = new mymine();
mymine.ShowDialog();
```

2. 生成控件数组

首先在扫雷窗体中定义控件数组的全局变量，代码如下。

```
private Button[,] buttons;
```

然后在生成按钮的按钮单击事件中添加如下代码：

```
private void button1_Click(object sender, EventArgs e)
    {
        //初始化按钮控件
        buttons = new Button[10,10];  //初始化控件数组
        for (int i = 0; i < 10; i++)
            for(int j=0;j<10;j++)
                {
                    buttons[i,j] = new Button();//生成新的按钮
                    buttons[i, j].Width = 50; //按钮的宽度设置
                    buttons[i, j].Height = 50; //按钮的高度设置
                    buttons[i, j].Top = i * 50; //按钮的Y方向位置
                    buttons[i, j].Left = j * 50; //按钮的X方向位置
                    //按钮的名称，后期需要通过名称来判断用户单击在哪个按钮上
                    buttons[i, j].Name = i.ToString() + "," + j.ToString();
                    buttons[i, j].Click += buttons_Click; //添加按钮的单击事件
                    this.Controls.Add(buttons[i, j]); //将新生成的控件置入窗体容器中
                }
    }
```

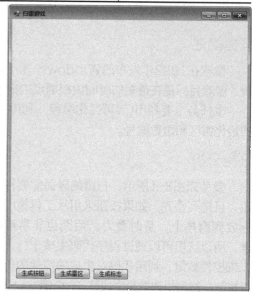

图3-2　扫雷界面设计时的效果

由于代码中引用buttons_Click事件过程，需要在窗体中增加这个事件处理过程，具体内容在任务2中完成。

```
private void buttons_Click(object sender, EventArgs e)
    {
    }
```

3. 生成雷区

在生成雷区的按钮单击事件中，编写如下代码。

```
private void button2_Click(object sender, EventArgs e)
    {
```

```
//初始化雷区
Random r = new Random();
int n = 1;
while(n<=10)
    {
    int x = r.Next(10);
    int y = r.Next(10);
    if (buttons[x, y].Text != "雷")
        {
            buttons[x, y].Text = "雷";
            n++;
        }
    }
```

4. 生成标志

生成标志的总体思路是遍历所有的按钮（除已经被标为雷的按钮），逐个统计周围按钮的雷数，但要注意越界检查。

具体统计的过程是这样的，假设当前的按钮位置行号为i，列号为j，则左边的按钮的行号仍为i，列号为j-1，其他各方向的行列号如图3-3所示。

具体的越界检查是这样的，统计左边时需要检查左边位置是否低于0，统计上边时需要检查上边位置是否低于0，统计右边时需要检查右边位置是否大于9（具体要看控件数组的大小），统计下边时需要检查下边位置是否大于9，4个角上的则需要同时检查两个参数是否越界。如图3-4所示，A位置统计时，A1～A3位置将在边界外，不需要统计其是否有雷，C位置同样不需要统计C1～C3位置，而边角上的B位置，则需要忽略B1～B5位置上的统计。

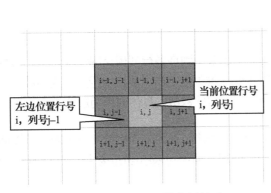

图3-3　当前雷与周围的位置关系

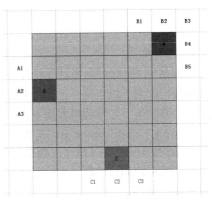

图3-4　越界检查示意图

在生成雷区的按钮单击事件中，编写如下代码。

```
private void button3_Click(object sender, EventArgs e)
    {
    //标志生成
    for (int i = 0; i < 10; i++)
        for (int j = 0; j < 10; j++)
        {
            int ls=0;//默认雷数为
            if (buttons[i, j].Text == "雷") continue;//如果是雷就不用做标志了
```

```
        //开始统计雷数
        //左上角
        if (i - 1 >= 0 && j - 1 >= 0 && buttons[i - 1, j - 1].Text == "雷")
            ls++;
         //左角
        if (j - 1 >= 0 && buttons[i, j - 1].Text == "雷")
          ls++;
      //左下角
     if (i +1 < 10 && j - 1 >= 0 && buttons[i+ 1, j - 1].Text == "雷")
       ls++;
      //下角
     if (i + 1 < 10  && buttons[i + 1, j].Text == "雷")
        ls++;
      //右下角
     if (i + 1 < 10 && j + 1 < 10 && buttons[i + 1, j + 1].Text == "雷")
        ls++;
      //右角
     if ( j + 1 < 10 && buttons[i, j + 1].Text == "雷")
                        ls++;
      //右上角
     if (i-1>=0 && j + 1 < 10 && buttons[i-1, j + 1].Text == "雷")
        ls++;
      //上角
     if (i - 1 >= 0   && buttons[i - 1, j].Text == "雷")
        ls++;
      buttons[i, j].Text = ls.ToString();
        }
    }
```

必备知识

1. 二维数组

正如常见的Excel表格处理软件中所见，生活中还会碰到许多行列相交的矩阵组织，这种形式的表格称为二维表格，上面提到的数组有时也叫一维数组，如果要声明行列形式的数组，就称为二维数组，二维数组本质上是以数组作为数组元素的数组。具体的声明形式如下。

```
    int[,]  table=new int[5,8];
```

这里的table就定义成了二维数组，可以认为是具有5行4列的一个整型变量矩阵，可以通过两个下标来访问二维数组中的某个变量，例如，使用下面语句来给table数组中位置为3行4列的元素赋值12。

```
    table[2,3]=12;
```

这里在理解上仍然要注意下标均从0开始。

如果要批量给一个二维数组初始化，采用双重循环也很简单，下面的语句就可以给table数组的所有元素进行赋值，元素内容等于行列之积。

```
for(int i=0;i<5;i++)
    for(int j=0;j<8;j++)
        table[i,j]=i*j;
```

2. 对象数组

程序设计中，除了常见的一维数组和二维数组，有时还可能使用三维以上的多维数组，三维数组可以理解为数组的元素是二维数组的数组，从中可以看出，数组元素可以非常灵活，可以把C#中的常用对象作为数组的元素来使用，称为对象数组，如果使用控件对象来作为数组的元素，则可以简单地认为是一个控件数组。下面的语句定义了一个由按钮对象组成的二维数组。

    private Button[,] buttons=new Button[5,6];

如果想要修改下标为[3，4]的按钮的高和宽，可以使用如下语句。

    buttons[3,4].Width=200;
    buttons[3,4].Height=200;

3. 代码生成控件的展示

在生成控件数组的程序最后有如下语句。

    this.Controls.Add(buttons[i, j]); //将新生成的控件置入窗体容器中

这条语句很重要，作用是将通过代码生成的可视化对象放入当前窗体容器中，如果没有这句话，生成再多的控件也无法看到。

任务拓展

扫雷游戏程序一般会有难度选择，主要根据扫雷的范围和雷的数目来决定难易程度，试着在任务1的基础上，设计修改程序，实现用户选择扫雷范围和雷的数目。

任务2　　实现扫雷功能

任务描述

小董将自己写好的扫雷游戏进行了多次调试，虽然对数组的概念和应用已经有些熟练，但游戏还只是做了一个架子，没有真正的可玩性，所以小董迫切需要将这个游戏的功能丰富起来。首先要将雷区和标志隐藏起来，其次标雷和扫雷的功能要实现起来，最后当鼠标单击没有数字标示的地方，周围同样没有雷和数字的区域也要一次性标示出来。

任务分析

为了扫雷游戏的可玩性，需要解决以下几个问题。

1. 雷区和标志隐藏

任务1将标志直接显示在按钮数组上，虽然很直观，但失去了扫雷的意义。隐藏雷区和标志可以采用与按钮数组同样大小的一个字符串数组，操作的是按钮数组，但后台的判断却需要通过字符串数组来完成。

2. 扫雷动作的实现

鼠标单击按钮时，需要判断当前按钮的位置，并且判断是否踩雷结束游戏，或者判断是否打开标志，还要判断是否完成扫雷游戏。

3. 自动打开连续空区

标志为0的区域，说明周围八个方向没有雷，此时软件应该能自己将周围的方块打开，如果

打开的方块又是空区，则要再次重复，使连续的空区能全部自己打开，这个需要采用递归算法。

任务实施

1. 打开原有项目

打开任务1完成的项目，切换到mymine窗体。

2. 隐藏标志

为了隐藏在按钮上的雷区和标志字符，需要再声明一个字符串数组，代码如下。

```
private String[,] content = new String[10, 10];
```

将原来生成的雷区和标志两个过程中的代码做修改，主要是生成内容存放到content二维数组中，修改后的生成雷区代码如下。

```
private void CreateMine_Click(object sender, EventArgs e)
    {
        //初始化雷区
        Random r = new Random();
        int n = 1;
        while (n <= 10)
          {
            int x = r.Next(10);
            int y = r.Next(10);
            if (content[x, y] != "雷")
              {
                  content[x, y] = "雷";
                  n++;
              }
          }
    }
```

修改后的生成标志过程代码如下。

```
//标志生成
for (int i = 0; i < 10; i++)
      for (int j = 0; j < 10; j++)
          {
            int ls=0;//默认雷数为
            if (content[i, j] == "雷") continue;//如果是雷就不用做标志了
            //开始统计雷数
            //左上角
            if (i - 1 >= 0 && j - 1 >= 0 && content[i - 1, j - 1] == "雷")
                ls++;
            //左
            if (j - 1 >= 0 && content[i, j - 1] == "雷")
                ls++;
            //左下角
            if (i + 1 < 10 && j - 1 >= 0 && content[i + 1, j - 1] == "雷")
                ls++;
            //下角
            if (i + 1 < 10 && content[i + 1, j] == "雷")
                ls++;
            //右下角
            if (i + 1 < 10 && j + 1 < 10 && content[i + 1, j + 1] == "雷")
```

```
            ls++;
        //右角
        if (j + 1 < 10 && content[i, j + 1] == "雷")
            ls++;
        //右上角
        if (i - 1 >= 0 && j + 1 < 10 && content[i - 1, j + 1] == "雷")
            ls++;
        //上角
        if (i - 1 >= 0 && content[i - 1, j] == "雷")
            ls++;
        content[i, j] = ls.ToString();
    }
```

注意修改代码时主要是将原来的buttons数组名改为content数组。

3. 扫雷动作的实现

扫雷的动作主要是处理用户单击按钮事件中，当用户单击按钮进行扫雷时，首先要判断用户单击的按钮位置，然后将content数组中的相应位置的数据读取并展示出来，接着判断是否踩雷，最后判断是否完成扫雷任务，具体代码如下。

```
private void buttons_Click(object sender, EventArgs e)
    {
    //数组的内容在用户单击后反应到按钮控件上
    String[] name = (sender as Button).Name.Split(',');
    int x = Convert.ToInt32(name[0]);
    int y = Convert.ToInt32(name[1]);
    //单击后内容展示，设置按钮不可操作
    buttons[x, y].Enabled = false;
    buttons[x, y].Text = content[x, y];
    //判断是否踩雷
    if (buttons[x, y].Text == "雷")
        {
            buttons[x, y].ForeColor = Color.Red;
        for (int i = 0; i < 10; i++)
            for (int j = 0; j < 10; j++)
                {
                    if (content[i, j] == "雷")
                        buttons[i, j].Text = "雷";
                }
        MessageBox.Show("你踩到雷了,游戏结束了");
        }
//判断是否扫雷完成
int n = 0;
for (int i = 0; i < 10; i++)
    for (int j = 0; j < 10; j++)
        {
            if (buttons[i, j].Enabled == true&& content[i, j] != "雷")
                n++;
        }
if (n == 0)
    {
      for (int i = 0; i < 10; i++)
```

```
        for (int j = 0; j < 10; j++)
          {
              if (content[i, j] == "雷")
                  buttons[i, j].Text = "雷";
          }
        MessageBox.Show("恭喜你，所有雷都已经被你发现了!");
          }
      }
```

4. 自动打开连续空区

到这里为止，扫雷程序已经有一定的可玩性了，但是，用户很快就会发现，当用户扫到空区（周边无雷的按钮）的时候，还需要继续对周围的方块进行排雷就显得非常不智能，所以，必须处理当用户扫到空区时，将自动打开连续空区，如图3-5所示。在数组中，空区其实就是数组content相应位置的值为0，其周边肯定没有雷，如图3-6所示。

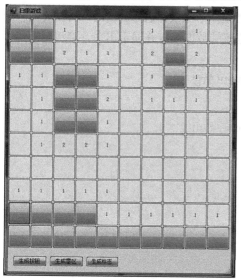

图3-5 扫到空区时的情形

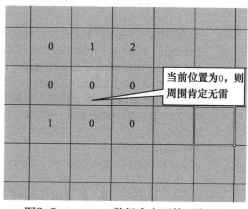

图3-6 content数组中空区的示意图

修改上面扫雷动作中的内容展示语句，将这条语句。

```
    buttons[x, y].Text = content[x, y];
```
修改为：
```
    if (content[x, y] != "0")
        buttons[x, y].Text = content[x, y];
    else
        withzero(x, y);
```

此处含义为，当前位置如果是0，表示扫到空区，需要使用自定义的withzero（x，y）函数来专门处理完成任务，此函数代码数比较多，但含义比较清晰，主要是针对当前位置的八个方向逐个进行展示，如果碰到展示的内容又是0，则再次调用自身函数过程，形式递归调用，具体代码如下。

```
private void withzero(int i, int j)
    {
    //当前位置为0时的处理,需要对周边所有对象进行排查
    //左上角
    if (i - 1 >= 0 && j - 1 >= 0 &&buttons[i-1,j-1].Enabled==true)
```

```
       {//边界不超,而且还没有处理过
         if (content[i - 1, j - 1] == "0")//内容是0
           {
               buttons[i - 1, j - 1].Enabled = false;
               withzero(i - 1, j - 1);
           }
          else
            {
               buttons[i - 1, j - 1].Text = content[i - 1, j - 1];
               buttons[i - 1, j - 1].Enabled = false;
            }
       }
   //左角
   if (j - 1 >= 0 &&buttons[i, j - 1].Enabled == true)
      {
   if(content[i, j - 1] == "0")
          {
               buttons[i, j-1].Enabled=false;
               withzero(i, j-1);
          }
     else
           {
               buttons[i , j - 1].Text = content[i, j - 1];
               buttons[i, j - 1].Enabled = false;
           }
       }
   //左下角
   if (i + 1 < 10 && j - 1 >= 0 && buttons[i + 1, j - 1].Enabled == true)
      {
   if(content[i + 1, j - 1] == "0")
          {
               buttons[i+1,j-1].Enabled=false;
               withzero(i+1,j-1);
          }
      else
           {
               buttons[i + 1, j - 1].Text = content[i + 1, j - 1];
               buttons[i + 1, j - 1].Enabled = false;
           }
       }
   //下角
   if (i + 1 < 10 && buttons[i + 1, j ].Enabled == true)
      {
   if(content[i + 1, j] == "0")
          {
               buttons[i+1,j].Enabled=false;
               withzero(i+1,j);
          }
      else
            {
```

```
                    buttons[i + 1, j ].Text = content[i+ 1, j ];
                    buttons[i + 1, j].Enabled = false;
                }
        }
    //右下角
    if (i + 1 < 10 && j + 1 < 10  && buttons[i + 1, j+ 1].Enabled == true)
        {
            if(content[i + 1, j + 1] == "0")
                {
                    buttons[i+1,j+1].Enabled=false;
                    withzero(i+1,j+1);
                }
            else
                {
                    buttons[i + 1, j + 1].Text = content[i + 1, j + 1];
                    buttons[i + 1, j + 1].Enabled = false;
                }
        }
    //右角
    if (j + 1 < 10   && buttons[i, j + 1].Enabled == true)
        {
            if(content[i, j + 1] == "0")
                {
                    buttons[i,j+1].Enabled=false;
                    withzero(i,j+1);
                }
            else
                {
                    buttons[i, j+1].Text = content[i , j+1 ];
                    buttons[i , j+1].Enabled = false;
                }
        }
        //右上角
        if (i - 1 >= 0 && j + 1 < 10    && buttons[i - 1, j +1].Enabled == true)
        {
            if (content[i - 1, j + 1] == "0")
                {
                    buttons[i - 1, j + 1].Enabled = false;
                    withzero(i - 1, j + 1);
                }
            else
                {
                    buttons[i - 1, j+1 ].Text = content[i-1, j+1 ];
                    buttons[i - 1, j+1].Enabled = false;
                }
        }
    //上角
    if (i - 1 >= 0  && buttons[i - 1, j].Enabled == true)
        {
            if (content[i - 1, j] == "0")
```

```
            {
                buttons[i - 1, j].Enabled = false;
                withzero(i - 1, j);
            }
        else
            {
                buttons[i - 1, j].Text = content[i - 1, j];
                buttons[i - 1, j].Enabled = false;
            }
        }
```

到这里，扫雷游戏程序基本上已经完成了，最终效果如图3-7和图3-8所示。

图3-7　扫雷失败结束时的效果

图3-8　扫雷成功结束时的效果

必备知识

1. 自定义控件事件过程绑定

在设计器中的可视化对象可以通过属性窗口找到相应的事件处理过程，但是如果控件是代码动态生成或自定义控件，则事件的处理过程需要语句绑定。下述语句说明了将buttons_Click自定义过程绑定到button按钮对象的单击事件上。

　　　　button.Click += button_Click;　//添加按钮的单击事件

同样的，如果需要给这个按钮增加鼠标按下事件，则需要再增加如下语句。

　　　　button.MouseDown+=button_MouseDown;

其中，button_MouseDown可以是自定义的任意事件过程。

温馨提示

　　　控件的事件名称可以在可视化环境中，通过属性窗口查询到，记住一些常见的事件可以提高效率。如与鼠标相关的Click、MouseDown、MouseUp、MouseMove、MouseEnter、MouseLeave分别表示鼠标的单击、按下、弹起、移动、进入、移出事件。与键盘相关的KeyPress、KeyDown、KeyUp等，分别表示键盘的按键、按下、弹起事件。每个控件能响应的事件也不尽相同，如Timer控件只有Tick事件。

2. 过程

过程就是用户编写的代码段，这里的过程，有时候也叫方法，带返回值的时候还可以叫函

项目
1

项目
2

项目
3

项目
4

附录

参考文献

数，C#中常统称为方法，表示一段封装的代码段，常见的格式如下。

```
private int abs(int number)
{
//过程语句段
}
```

其中，private表示这个方法的作用域是私有的，一般为窗体范围。int表示返回整数，括号中的int number表示参数，从调用处传过来的数据。

温馨提示

参数传递有4种类型：传值（by value），传址（by reference），输出参数（by output），数组参数（by array）。传值参数无需额外的修饰符，传址参数需要修饰符ref，输出参数需要修饰符out，数组参数需要修饰符params。传值参数在方法调用过程中如果改变了参数的值，那么传入方法的参数在方法调用完成以后并不因此而改变，而是保留原来传入时的值。传址参数恰恰相反，如果方法调用过程改变了参数的值，那么传入方法的参数在调用完成以后也随之改变。

经常能看到如下事件处理过程，是非常典型的过程。

```
private void button1_Click(object sender, EventArgs e)
    {
    }
```

温馨提示

常在过程名前面看到的void表示，不返回任何类型的数据。void就是空的意思，不需要返回值。

如果要调用过程，只需要写出过程的名字和提供相应的参数即可，下述代码表示调用abs过程。

```
int a=abs(-12);
```

其实C#内部已经定义好了许多的过程，大部分被封装在相关的对象中，如常见的Convert对象，就会有需要处理数据类型转换的过程，如：

```
int a=Convert.toInt32("333");
```

这里的toInt32就是Convert对象中的一个过程，系统已经编写的一段处理代码。

过程需要返回值或者提前结束时可以使用return语句，如下语句表示返回一个数值。

```
return 222;
```

3. 递归算法

递归算法是把问题转化为规模缩小了的同类问题的子问题。在程序设计的时候首先自定义一个过程，然后在过程中又直接或间接调用自己本身，这对于解决某些问题非常高效，使算法代码简洁而且易于理解。

比如数学上常见的求阶乘问题，就可以使用递归算法，在求解N!的时候，可以先求N-1!再乘上N，而求N-1!的阶乘，又可以先求N-2!……直到N为1时，阶乘为1。以上算法可以用以下过程来描述。

```
double fun(int n)
{
```

```
   if(n==1)
      return 1;
   else
      return n*fun(n-1)
}
```

特别要注意的是，递归算法的过程中必须要有递归结束的条件，也称为递归出口，如果没有递归出口，程序将会"死循环"。上面的代码中：

```
   if(n==1)
      return 1;
```

就是递归出口，无论n最初是多少，当经过多次的n-1后，总会到达n=1的，这时程序就可以一层层地返回了。

温馨提示

递归算法简洁但运行效率较低，如果递归次数过多还容易造成栈溢出等问题，需要谨慎使用。

任务拓展

本任务中，游戏中的雷是用字符来展示的，请尝试修改程序，实现使用不同的图片来表示不同的状态。

任务3 **实现扫雷英雄榜**

任务描述

经过一番努力，小董终于将扫雷游戏做到可以玩的程度了，但是，遗憾的是，每次扫雷的成绩无法保存，这样会大大打击玩家的积极性，小董觉得应该有一个能存放扫雷成绩结果的方法，让自己或者后来的人能知道曾经的记录。

任务分析

想要完成记录保存，首先需要给游戏一个计时器，接着触发的条件是在成功之后弹出"保存记录"对话框，最后可以在游戏界面上通过单击"查看成绩"按钮来查询所有的记录。

游戏计时比较简单，只要给游戏界面增加一个计时器，当游戏开始或者重新开始的时候计时开始就可以了，为了简单起见，可以记录时间过去的秒数。

保存记录需要做的是提供一个可以输入玩家大名的地方，然后将此玩家大名与成绩记录到文本文件中。

查询成绩也需要另外一个界面，从文本文件中读取记录，并显示到列表框中，有兴趣的读者可以再增加排序功能。

任务实施

1. 打开项目

打开任务2完成的项目。

2. 修改扫雷主窗体

在扫雷主窗体上增加2个按钮、1个文本框、1个标签和1个计时器控件，具体的属性设置见表3-2。

表3-2 新增控件属性设置

对 象 类 型	对 象 名 称	属 性	值
Button	reset	Text	重新开始
	record	Text	查看记录
TextBox	textBox1	Text	
Label	Label1	Text	秒
Timer	Timer1	Interval	1000
	Enabled	Enabled	false

最终完成的界面如图3-9所示。

图3-9 新增查看记录的界面

3. 添加保存记录窗体

新增保存记录窗体，完成如图3-10所示的界面，具体属性设置见表3-3。

表3-3 保存记录窗体及控件属性设置

对 象 类 型	对 象 名 称	属 性	值
Form	saveRecord	Text	保存记录
		StartPosition	CenterScreen
TextBox	textBox1	Text	
	textBox 2	Text	
		Enabled	false
Label	Label1	Text	你的成绩是
	Label2	Text	秒
	Label3	Text	请输入你的大名
Button	Button1	Text	保存
	Button2	Text	取消

4. 添加查看记录窗体

新增查看记录窗体，完成如图3-11所示的界面，具体属性设置见表3-4。

表3-4　窗体及控件属性设置

对象类型	对象名称	属 性	值
Form	checkRecord	Text	查看记录
		StartPosition	CenterScreen
Label	Label1	Text	扫雷英雄榜
Button	Button1	Text	关闭

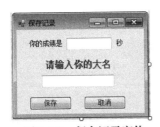

图3-10　保存记录窗体

图3-11　查询记录窗体

5. 修改扫雷主窗体代码

扫雷主窗体的代码需要做的调整主要是计时功能，以及完成任务后弹窗和查看记录弹窗功能。

（1）计时功能实现

在窗体的公共声明处，声明passtime变量，用来记录当前秒数

```
    private int passtime=0;//扫雷秒数
```

找到CreateNumber_Click事件处理过程，在最后面增加如下语句。

```
//标志生成后就开始计时
 timer1.Enabled = true;
 passtime = 0;
```

给计时器增加事件处理代码，具体如下。

```
private void timer1_Tick(object sender, EventArgs e)
    {
     //计时变量加1
       passtime++;
       textBox1.Text = passtime.ToString();
    }
```

（2）打开保存记录对话框

找到buttons_Click事件过程处理代码中的如下语句。

```
MessageBox.Show("恭喜你，所有雷都已经被你发现了!);
```

将其改为如下代码段：

```
timer1.Enabled = false;          //计时结束
MessageBox.Show("恭喜你，所有雷都已经被你发现了!\n花时共计"
                                        +passtime.ToString()+"秒。");

//打开保存记录对话框
saveRecord saveRecord = new saveRecord();
saveRecord.passtime = passtime;
```

```
saveRecord.ShowDialog();
```

此处需要特别说明的是，以下语句中的passtime是定义在保存记录中的一个公开变量，这样可以将调用窗体的参数传递到被调用窗体中去。

```
saveRecord.passtime = passtime;
```

（3）编写重新开始代码

编写重新开始按钮单击事件过程代码，主要是清空当前状态，重新初始化雷区和标志。具体代码如下。

```
private void reset_Click(object sender, EventArgs e)
    {
        //重新开始
        //首先清空状态
      for (int i = 0; i < 10; i++)
          for (int j = 0; j < 10; j++)
              {
                  content[i, j] = "";
                  buttons[i, j].Text = "";
                  buttons[i, j].Enabled = true;
              }
          passtime = 0;
          textBox1.Text = "";
          //直接调用上面的事件过程初始化
          CreateMine_Click(sender, e);//初始化雷区
          CreateNumber_Click(sender, e);//生成标志
    }
```

（4）添加查看记录对话框

打开查看记录对话框，具体代码如下。

```
private void record_Click(object sender, EventArgs e)
    {
        //打开查看记录对话框
        checkRecord checkRecord = new checkRecord();
        checkRecord.ShowDialog();
    }
```

（5）添加扫雷时鼠标右键功能

当鼠标在扫雷时，鼠标右键的功能是标志雷区的作用，如果按钮标签原来是空白的，则将其置为"雷"，如果已经是"雷"，则置为空白。具体代码如下。

首先需要为动态按钮增加鼠标右键事件，在初始化按钮的时候增加如下语句。

```
buttons[i, j].MouseDown += buttons_MouseDown;
```

然后，编写如下事件过程：

```
//鼠标右键时处理过程
private void buttons_MouseDown(object sender, MouseEventArgs e)
{
//获取触发事件的按钮位置
String[] name = (sender as Button).Name.Split(', ');
int x = Convert.ToInt32(name[0]);
int y = Convert.ToInt32(name[1]);
//发生鼠标右键事件，如果按钮标签原来是空的，则标志为雷"，反之清空。
if (e.Button == MouseButtons.Right)
```

```
        {
            if (buttons[x, y].Text == "雷")
                buttons[x, y].Text = "";
            else
                buttons[x, y].Text = "雷";
        }
    }
```

6. 保存记录对话框代码

（1）初始化窗体代码

首先需要引用IO类，使用以下语句。

```
        using System.IO;
```

接着，定义公开变量，使用以下语句。

```
        public int passtime;//定义一个public类型的整型变量，以便外部访问
```

最后在窗体的load事件中增加如下代码。

```
private void saveRecord_Load(object sender, EventArgs e)
    {
        textBox2.Text = passtime.ToString();//将扫雷界面中传过来的时间显示出来
    }
```

（2）编写保存按钮代码

保存记录主要使用SteamWriter写文本文件类，将数据写入到文本文件中。具体代码如下。

```
private void button1_Click(object sender, EventArgs e)
    {
      StreamWriter sw;
      try
        {
            sw = new StreamWriter("record.txt", true);
        }catch(IOException exc) {
            MessageBox.Show("文件打开出错！");
            return;
        }
      if(textBox1.Text!="")
            sw.WriteLine(textBox1.Text+", "+passtime.ToString());
      else
            sw.WriteLine("佚名," + passtime.ToString());
    sw.Close();
    this.Close();
    }
```

（3）编写取消按钮代码

取消按钮代码如下。

```
private void button2_Click(object sender, EventArgs e)
    {
        this.Close();
    }
```

7．查看记录对话框代码

（1）初始化窗体代码

首先需要引用IO类，使用以下语句。

```
        using System.IO;
```

项目 1

项目 2

项目 3

项目 4

附录

参考文献

（2）查看记录代码

保存记录主要使用SteamReader读文本文件类，将文本文件中的数据读取到列表框中。具体代码如下。

```
private void checkRecord_Load(object sender, EventArgs e)
    {
        StreamReader sr;
        String s;
        try
        {
            sr = new    StreamReader("record.txt");
        }
        catch (IOException exc)
        {
            MessageBox.Show("文件打开出错！");
            return;
        }
        while ((s = sr.ReadLine()) != null)
        {
            string [] split = s.Split(',');
            listBox1.Items.Add("英雄名:"+split[0]+", 扫雷时间:"+split[1]+"秒");
        }
        sr.Close();
    }
```

（3）关闭按钮代码

关闭按钮代码如下。

```
private void button1_Click(object sender, EventArgs e)
    {
        this.Close();
    }
```

必备知识

1. 文件操作概述

软件开发经常需要对文件及文件夹进行操作，常见的有读写、移动、复制删除文件及创建、移动、删除、遍历文件夹等。在C#中，与这些操作相关的类都在System.IO命名空间下，如果编写与文件操作相关的程序，必须要在代码头部增加如下代码引用此命名空间。

Using System.IO;

如果仅需要对磁盘上的文件进行复制、移动、删除、打开等操作，可以使用File类和FileInfo类。File类共用40多个方法。表3-5中列出了File类的一些常见方法和说明。

表3-5　File类常见方法及说明

方　　法	说　　明
Copy	将现有文件复制到新文件
Create	在指定路径中创建文件
Delete	删除指定文件
Exists	确定指定的文件是否存在
Move	将指定的文件移到新位置，并提供指定新文件名的选项
Open	打开指定路径上的FileStream

以下代码可以用来创建一个文件。

```
private void button1_Click(object sender, EventArgs e)
{
    if(File.Exists("test.txt");
    {
        MessageBox.Show("该文件已经存在");
    }
    else
    {
        File.Create("test.txt");
    }
}
```

温馨提示

此处代码中用到的File没有实例化，但是却可以使用其中的方法，这是因为这些方法是静态方法，与之前使用的Convert类中的方法一样，可以不实例化而直接使用。

如果需要对文件夹（即目录）进行操作，可以使用Directory类和DirectoryInfo类。Directory类可以创建、移动、枚举、删除目录和子目录，见表3-6。

表3-6　Directory类的常见方法

方　　法	说　　明
CreateDirectory	创建指定目录
Delete	删除指定目录
Exists	确定指定路径是否引用磁盘上的现有目录
Move	将文件或目录及其内容移到新位置
GetFiles	返回指定目录中的文件名称
GetParent	检索指定路径的父目录，包括绝对路径和相对路径

以下代码可以用来创建一个目录。

```
private void button1_Click(object sender, EventArgs e)
{
    if(Directory.Exists("test ");
    {
        MessageBox.Show("该文件夹已经存在");
    }
    else
    {
        Directory.Create Directory ("test ");
    }
}
```

C#中使用流来支持读取和写入文件，可以将流看成是一组连续的一维数据，包含开头和结尾，并且其中的游标指示了流的当前位置，流包含读取、写入、查找功能。

文件I/O流使用FileStream类实现，一个FileStream类的实例实际上代表一个磁盘文件，它通过Seek方法进行对文件的随机访问，也同时包含了流的标准输入、标准输出和标准错误等，FileStream类的常用方法见表3-7。

项目
1

项目
2

项目
3

项目
4

附录

参考文献

表3-7　FileStream类的常用方法

方　　法	说　　明
Read	从流中读取字节块并将该数据写入指定缓冲区中
Write	使用从缓冲区读取的数据将字节块写入该流
Close	关闭当前流并释放与之关联的所有资源
Lock	允许读取访问的同时防止其他进程更改FileStream
SetLength	将该流的长度设置为指定值
Unlock	允许其他进程访问以前锁定的某个文件的全部或部分

　　使用FileStream类操作文件，就必须先实例化FileStream对象，这个类的构造函数很多，其中FileMode检举参数是非常重要的，用以指示文件操作的模式，见表3-8。

表3-8　FileMode检举参数列表

枚举成员	说　　明
Append	打开现有文件并查找文件尾，或创建新文件
Create	指定操作系统创建新文件，如果文件已经存在，它将被改写
CreateNew	指定操作系统创建新文件，如果文件已经存在，将引发异常
Open	指定操作系统打开现有文件
OpenOrCreate	指定操作系统打开文件，如果不存在则创建新文件

　　下述代码使用FileStream类对象打开text.txt文件并进行读写访问。

```
FileStream f=new FileStream("text.txt",FileMode.OpenOrCreate);
```

2. 写文本文件

　　有时候只需要往文件中写入文本内容，就可以使用专门用来处理文本文件的StreamWriter类，可以方便地写入字符串，表3-9列出了此类的常用方法和说明。

表3-9　StreamWriter类的常用方法和说明

方　　法	说　　明
Close	关闭当前的StringWriter和基础流
Write	写数据到文件中
WriteLine	写数据到文件中，并且后跟换行结束符

　　下面是一段打开并写入文件内容的代码。

```
private void button1_Click(object sender, EventArgs e)
    {
        StreamWriter sw=new StreamWriter("test.txt",true);
        sw.WriteLine("这是写入的内容");
        sw.Close();
    }
```

3. 读文本文件

　　与StreamWrite相配套的读取文本文件的类是StreamReader类，表3-10列出了此类的常用方法和说明。

表3-10　StreamWrite类的常用方法和说明

方　　法	说　　明
Close	关闭StringReader
Read	读取字符串中的下一个字符或下一组字符
ReadLine	从文件中读取一行
ReadToEnd	将整个流或从流的当前位置到流的结尾作为字符串读取

下面是一段打开并写入文件内容的代码。

```
private void button1_Click(object sender, EventArgs e)
{
        StreamReader  sr=new StreamReader  ("test.txt");
        textBox1.Text=sr.ReadToEnd();
        sr.Close();
}
```

4. 窗体之间传递参数

窗体具有封装性，窗体中的控件和变量在外部一般不充许访问，但有时候因为窗体间的相互调用，需要给窗体传递一些参数，或者从子窗体中返回一些数据，此时可以在程序的全局范围设置变量，以此来传递参数。还可以通过更改窗体中控件和变量的作用域来实现传递参数。

（1）使用控件来传递参数

如果在主窗体中打开某个子窗体的同时，想要传递某个字符串给子窗体中的文本框，可以打开子窗体的设计代码，形如Form2.Designer.cs的文件，找到如下文件框定义的语句。

private System.Windows.Forms.TextBox textBox1;

把这里的private改成public。

这样就可以在其他调用的窗口中访问到这个控件了，代码如下所示。

```
Form2 f2 = new Form2();
f2.textBox1.Text = "参数";
f2.ShowDialog();
```

（2）使用公有变量来传递参数

窗体中声明的变量，一般为私有变量，以private打头，只要将private改为public来声明变量，就表示此变量可以被外界所访问，下述代码即表示comm变量变为公有变量。

```
public int comm;
```

此时在调用这个窗体的地方就可以访问到这个变量了，代码如下所示。

```
Form2 f2 = new Form2();
f2.comm = "参数";
f2.ShowDialog();
```

（3）窗体返回值

窗体处理完，有时主窗体需要知道处理的结果，可以使用的返回值，可以在调用后再次利用公有控件或变量来完成传递返回值，代码如下所示。

```
MessageBox.Show(f2.comm.ToString());
```

任务拓展

仔细观察Windows自带的扫雷程序可以发现，当鼠标左右键同时单击某个数字的位置时，会标志与之关联且未标明的区域，双击某个数字时，还会根据情况自动翻出安全区域，这些细节都可以大大提高游戏的可玩性，请修改扫雷程序，使程序拥有更多便利的功能。

任务4　实现五子棋游戏界面

任务描述

自从首款网络五子棋游戏出现以来，五子棋已成为网络当中最为流行的益智游戏之一，游戏的目标是率先用五颗棋子连成一条线则为赢家。

本任务利用C#可视化编程，通过绘制棋盘，调用事先用Photoshop软件绘制好的黑白两色棋子来模拟游戏界面，并通过指定的算法判断赢家。

任务分析

如图3-12所示，利用图片控件充当棋盘背景，横竖交错的棋盘则通过C#自带的图形类按照一定的规则算法自动绘制完成；棋子则事先用Photoshop软件绘制出来通过C#调用再放置到棋盘上或者用C#图形类自动绘制黑白两种颜色的圆形充当棋子。

棋盘中两条线之间的距离是相等的，而最左边和最上边的两条线距离棋盘背景的距离也是相等的，当下棋的时候（即鼠标单击棋盘）由程序记录鼠标单击的位置并计算距离单击位置最近的交错点，并将棋子放置在该位置。

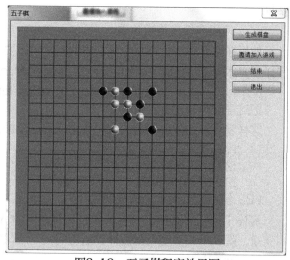

图3-12　五子棋程序效果图

游戏过程中每单击一次棋盘，程序就会判断一次是否存在一条相连的直线上存在五个相同颜色的棋子，如果存在则判定其为赢家。

任务实施

1. 在原项目上添加娱乐窗体

（1）打开原项目

启动Visual Studio 2010，打开原来的智能家居仿真软件。

（2）新建窗体

在项目中添加新窗体，并在窗体左侧添加1个图片控件，右侧添加4个按钮和1个标签，见表3-11。

表3-11　窗体及控件属性设置

对 象 类 型	对 象 名 称	属　　性	值
Form	mainForm	width	705
		height	602
		StartPosition	CenterScreen
		Text	五子棋
Button	btnCreate	Text	生成棋盘
	btnRequest	Text	邀请加入游戏
	bthOver	Text	结束
	btnExit	Text	退出
Label	lblMessage	Text	
PictureBox	pictureBox1	Size	527,527

（3）修改主窗体

在主窗体的界面上添加新的按钮，用来打开新建扫雷窗体，效果如图3-13所示，并在按钮的单击事件中添加如下两行代码。

```
Form wzq= new mainForm();
wzq.ShowDialog();
```

图3-13　主界面中添加五子棋游戏按钮

2. 绘制棋盘（16*16）

首先为图片控件（棋盘背景）pictureBox1添加绘制事件，代码如下。

```
private void pictureBox1_Paint(object sender, PaintEventArgs e)
{
    Graphics g = e.Graphics;//绘图图面
    Pen p = new Pen(Color.FromArgb(127, 127, 127), 2);//绘笔
    for (int i = 1; i <= 16; i++)
    {
        g.DrawLine(p, i * 31, 31 * 1, i * 31, 16 * 31);//绘制垂直线
    }
    for (int i = 1; i <= 16; i++)
    {
        g.DrawLine(p, 1 * 31, i * 31, 16 * 31, i * 31);//绘制水平线
    }
}
```

然后再为"生成棋盘"按钮添加单击事件，代码如下：

```csharp
private void btnCreate_Click(object sender, EventArgs e)
{
        //给棋盘添加绘制棋盘事件
        pictureBox1.Paint += new
                System.Windows.Forms.PaintEventHandler(pictureBox1_Paint);
        pictureBox1.Refresh();//刷新棋盘
    }
```

项目中为了直观展示棋盘的绘制过程，将棋盘绘制事件通过"生成棋盘"按钮为棋盘背景控件添加绘制事件，正常情况下则是直接为pictureBox添加绘制事件。

3. 生成棋子

棋子是事先用Potoshop绘制好的黑白两种颜色的棋子，游戏时通过Image类来调用显示棋子，例如："Image im = Image.FromFile("hei.gif");"代码如下。

```csharp
private void QiZi(Graphics g)// 绘制棋子
{
    for (int i = 0; i < points.Count; i++)//遍历集合里的二维平面坐标
    {
      if (0 == i % 2)//如果余数为0，棋子为黑色
        {
            //定义棋子（圆）的大小
            Rectangle rect = new Rectangle(points[i].X - 11, points[i].Y - 11, 22, 22);
            Image im = Image.FromFile("hei.gif");//用图片当作棋子（黑色）
            g.DrawImage(im, rect);
        }
        else
        {
            //定义棋子（圆）的大小
            Rectangle rect = new Rectangle(points[i].X - 11, points[i].Y - 11, 22, 22);
            Image im = Image.FromFile("bai.gif");//用图片当作棋子（白色）
            g.DrawImage(im, rect);
        }
    }
}
```

然后在private void pictureBox1_Paint(object sender，PaintEventArgs e)事件最后一行调用棋子方法，运行程序单击"生成棋盘"按钮后单击棋盘就可以在棋盘上落下黑白相间的棋子了。代码如下所示。

```csharp
private void pictureBox1_Paint(object sender, PaintEventArgs e)
  {
        QiZi(g);
    }
```

4. 把棋子落到棋盘上

首先为pictureBox1控件添加鼠标按下事件pictureBox1_MouseDown，当鼠标在棋盘上按下左键时由程序计算出棋盘上距离鼠标按键的位置最近的交错点，然后将棋子落到该位置，代码如下。

```csharp
private void playChess(int X, int Y)//下载方法，X为X坐标，Y为Y坐标
    {
        int xyu = X % 31;//用来判断是接近哪个点
        int xchu = X / 31;//用来判断是哪一列
```

```
    int yyu = Y % 31;
    int ychu = Y / 31;
    if (25 <= X && X <= 500 && 25 <= Y && Y <= 500)//判断单击位置是否
    在棋盘内
{
  if (xyu < 15.5 && yyu < 15.5)
    {
      for (int i = 0; i < points.Count; i++)//判断位置是否相同
        {
          if (points[i] == new Point(31 * xchu, 31 * ychu))
            {
                    isDoublePoint = true;
                    return;
            }
        }
        points.Add(new Point(31 * xchu, 31 * ychu));//添加到棋盘
        chessman = !chessman;//设置棋子颜色,如果是白色就变黑色,黑色就变白色
        pictureBox1.Refresh();//重新绘制界面
    }
if ((xyu > 15.5 && yyu > 15.5))
    {
        for (int i = 0; i < points.Count; i++)
        {
            if (points[i] == new Point(31 * (xchu + 1), 31 * (ychu + 1)))
            {
                    isDoublePoint = true;
                    return;
            }
        }
        points.Add(new Point(31 * (xchu + 1), 31 * (ychu + 1)));
        chessman = !chessman;
        pictureBox1.Refresh();
    }
  if (xyu > 15.5 && yyu < 15.5)
    {
        for (int i = 0; i < points.Count; i++)
        {
            if (points[i] == new Point(31 * (xchu + 1), 31 * ychu))
            {
                    isDoublePoint = true;
                    return;
            }
        }
        points.Add(newPoint(31 * (xchu + 1), 31 * ychu));
        chessman = !chessman;
        pictureBox1.Refresh();
    }
    if ((xyu < 15.5 && yyu > 15.5))
    {
        for (int i = 0; i < points.Count; i++)
```

```
                {
                    if (points [i] == new Point (31 * xchu, 31 * (ychu + 1)))
                    {
                            isDoublePoint = true;
                            return;
                    }
                }
                points. Add (new Point (31 * xchu, 31 * (ychu + 1)));
                chessman = !chessman;
                pictureBox1. Refresh ();
            }
        }
    }
    private void pictureBox1_MouseDown (object sender, MouseEventArgs e)
    {
        playChess (e. X, e. Y);
    }
```

必备知识

1. 穷举算法

穷举算法也叫枚举算法，是指将所有可能的解集合中一一枚举各个解，用给定的条件逐个检验是否符合要求，符合既为其解。穷举算法是计算机程序中最基础最简单的算法，充分利用计算机的高速运算，可以完成许多手工运算需要很费时间的计算，比如将一元钞票换成一分、二分和五分硬币（每种至少一张），有哪些换法，手工运算很费时间，利用穷举算法，可以写成如下代码段（在窗体上添加一个按钮和列表框即可运行）。

```
private void button1_Click (object sender, EventArgs e)
    {
        for (int i=1;i<=98;i++)
            for (int j=1;j<=48;j++)
                for (int k=1;k<=18;k++)
                    if (100==i+j*2+k*5)
                        listBox1. Items. Add ("一: "+i. ToString ()+
                            ", : "+j. ToString ()+", :"+k. ToString ());
    }
```

穷举算法还可以用来暴力破解密码，如果用生日作为密码，当前日期前后加起来以100年计，密码数仅约为100×365 = 36500种，使用程序破解，几乎是一瞬间就可以完成所有枚举，所以要求密码数要超过6位，且包含大小写字符和特殊符号等，这样，穷举破解才几乎无法完成了。

2. 算法的复杂度

同一问题可用不同算法解决，而一个算法的质量优劣将影响到算法乃至程序的效率。算法分析的目的在于选择合适算法和改进算法。一个算法的评价主要从时间复杂度和空间复杂度来考虑。

（1）时间复杂度

1）时间频度。一个算法执行所耗费的时间，从理论上是不能算出来的，必须上机运行测试才能知道。但不可能也没有必要对每个算法都上机测试，只需知道哪个算法花费的时间多，哪个算法花费的时间少就可以了。并且一个算法花费的时间与算法中语句的执行次数成正比例，哪个算法中语句执行次数多，它花费时间就多。一个算法中的语句执行次数称为语句频度或时间频度。记为T（n）。算法的时间复杂度是指执行算法所需要的计算工作量。

2）时间复杂度。在刚才提到的时间频度中，n称为问题的规模，当n不断变化时，时间频度T（n）也会不断变化。但有时想知道它变化时呈现什么规律。为此，引入时间复杂度概念。

一般情况下，算法中基本操作重复执行的次数是问题规模n的某个函数，用T（n）表示，若有某个辅助函数f（n），使得当n趋近于无穷大时，即T（n）/f（n）的极限值为不等于零的常数，则称f（n）是T（n）的同数量级函数。记作T（n）=O（f（n）），称O（f（n））为算法的渐进时间复杂度，简称时间复杂度。

在各种不同算法中，若算法中语句执行次数为一个常数，则时间复杂度为O（1）。另外，在时间频度不相同时，时间复杂度有可能相同，如T（n）=n^2+3n+4与T（n）=4n^2+2n+1它们的频度不同，但时间复杂度相同，都为O（n^2）。

按数量级递增排列，常见的时间复杂度有：

常数阶O（1），对数阶O（log2n）（以2为底n的对数，下同），线性阶O（n），

线性对数阶O（nlog2n），平方阶O（n^2），立方阶O（n^3），...，

k次方阶O（n^k），指数阶O（2^n）。随着问题规模n的不断增大，上述时间复杂度也不断增大，算法的执行效率就越低。

（2）空间复杂度

与时间复杂度类似，空间复杂度是指算法在计算机内执行时所需存储空间的度量。记作：

S（n）=O（f（n））

算法执行期间所需要的存储空间包括3个部分。

● 算法程序所占的空间。
● 输入的初始数据所占的存储空间。
● 算法执行过程中所需要的额外空间。

在许多实际问题中，为了减少算法所占的存储空间，通常采用压缩存储技术。

任务拓展

在任务4的基础上，完成游戏的记录功能，将本局游戏的所有操作步骤记录到文本文件中。首先，用户下棋后，将下棋的信息增加到文件中，然后当用户需要撤销时，可以根据记录撤销刚刚下棋的动作，最后还可以通过记录复演该盘棋的过程。

任务5　实现邀请好友功能

任务描述

局域网五子棋是两个人参加的游戏，小董将写好的五子棋游戏进行了多次调试，对图形绘

制的概念及应用已经熟练起来，但此时的游戏只是一个空棋盘，能够将棋子落到棋盘上而已，没有真正的可玩性，所以要将五子棋游戏功能进行完善，首先需要完成邀请好友一起玩游戏的功能。

任务分析

在任务4中完成的五子棋游戏主界面中如要完善游戏功能首先要为"邀请好友"按钮添加相应事件，邀请好友时需要知道好友的IP地址，程序通过IP地址判断出邀请的是哪一位好友。

单击"邀请好友"按钮后应弹出新的窗口，其中列举出所有在线的好友，鼠标双击其中某一位好友，如果好友未在游戏中并接受邀请则开始新的游戏。

任务实施

1. 新建窗体

1）启动Visual Stuolio 2010并打开任务4完成的项目。

2）在项目中添加新窗体，并在窗体左侧添加一个图片控件，右侧添加四个按钮和一个标签，见表3-12。

表3-12　窗体及控件属性设置

对象类型	对象名称		属　性	值
Form	friendForm		width	310
			height	535
			StartPosition	CenterScreen
			Text	好友列表
ListView	lvFriend		width	260
			height	460
	属性（Columns）	friendIP	Text	IP地址
			width	115
		friendName	Text	好友名称
			height	70

2. 为窗体编写代码

选择窗体任意位置并单击鼠标右键，在弹出的快捷菜单中选择"查看代码"，打开窗体的代码视图编写"添加好友"及"删除好友"代码，代码如下所示。

```
private Color lineColor = Color.FromArgb(127, 127, 127);//棋盘线颜色
public void AddFriendInfo(FriendInfo friendinfo)//添加好友信息
{
        //查找IP地址是否存在
        ListViewItem lvi = lvFriend.FindItemWithText(friendinfo.FriendIP);
        if (lvi == null)//如果没有找到对应的IP地址
        {
        lvi = new ListViewItem(friendinfo.FriendIP);
        lvi.SubItems.Add(friendinfo.FriendName);
        lvi.Tag = friendinfo.FriendPort;
        lvFriend.Items.Add(lvi);//添加到界面
```

```
        }
    }
public void RemoveFriend(string friendIP)//删除好友
        {
            ListViewItem lvi = lvFriend.FindItemWithText(friendIP);//查找IP地址是否存在
            if (lvi != null)//如果没有找到对应的IP地址
            {
                lvFriend.FindItemWithText(friendIP).Remove();
            }
        }
```

3. 选择在线好友

程序运行时鼠标双击lvFriend控件上列举出的好友则将邀请消息发送给被邀请的好友,为lvFriend添加"DoubleClick"双击事件,代码如下所示。

```
public IPEndPoint SelectedIPEndPorint = null;//选中的IP地址和端口号
private void lvFriend_DoubleClick(object sender, EventArgs e)
        {
if (lvFriend.SelectedItems.Count != 0)//判断是否有选中项
            {
                ListViewItem selectlvi = lvFriend.SelectedItems[0];//获得选中的项
SelectedIPEndPoint = new IPEndPoint(IPAddress.Parse(selectlvi.Text),
                Convert.ToInt32(selectlvi.Tag));//设置选中项的IP地址和端口号
                this.Visible = false;//关闭界面
            }
        }
```

4. 完成邀请好友功能

1)相应的"邀请好友"功能窗体做好了,接下来需要给主游戏主界面的"邀请好友"按钮添加相应的事件用以打开"邀请好友"窗体并将邀请成功的好友IP地址记录下来以开始游戏,在主界面上双击"邀请好友"按钮添加相应的代码。代码如下所示。

```
UdpClient myClient;// 我的网络客户端
IPEndPoint friendIPEndPoint;// 好友IP和端口
private void SendFriendMsg(MsgType type, string msg, IPEndPoint ipPort)//发送好友消息
    {
        //消息格式为消息类型:用户名:IP地址:端口:操作消息
    string massage = string.Format("{0}:{1}:{2}:{3}:{4}",
                                    (int)type, hostName, IPHost.ToString(), myPort, msg);
        byte[] msgs = Encoding.Default.GetBytes(massage);//将消息转换为字节
        myClient.Send(msgs, msgs.Length, ipPort);//发送(信息,长度,好友IP地址)
    }
    private void btnRequest_Click(object sender, EventArgs e)
    {
        friendForm ff = new friendForm();//声明邀请好友界面
        foreach (FriendInfo item in friends.Values)
        {
            ff.AddFriendInfo(item);//添加好友信息添加到好友选中界面
        }
    ff.ShowDialog();//显示好友窗体
    friendIPEndPoint = ff.SelectedIPEndPoint;//获得选中的好友的IP地址
    ff.Close();//关闭好友窗体
```

```
    if (friendIPEndPoint != null)//如果获得的好友IP地址不为空时则执行下列程序
    {
        IsPlay = true;//设置为游戏过程中
        SendFriendMsg(MsgType.邀请游戏, "邀请游戏", friendIPEndPoint);//发送邀请消息
    }
}
```

2）运行游戏，单击主界面中"邀请好友"按钮，打开"邀请好友"窗口，如图3-14所示。

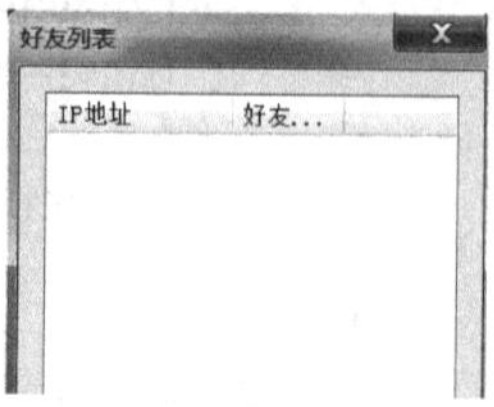

图3-14　好友列表窗体效果

必备知识

1. ListView控件

ListView 控件可使用4种不同的视图显示项目。通过此控件，可将项目组成带有或不带有列标头的列，并显示伴随的图标和文本。可使用 ListView 控件将称作 ListItem 对象的列表条目组织成4种不同的视图之一：大（标准）图标、小图标、列表以及报表。View 属性决定在列表中控件使用何种视图显示项目，还可以用 LabelWrap 属性控制列表中与项目关联的标签是否可换行显示。另外，还可管理列表中项目的排序方法和选定项目的外观。

ListView控件包括ListItem和ColumnHeader对象。ListItem对象定义ListView控件中项目的各种特性，诸如项目的简要描述、由ImageList控件提供的与项目一起出现的图标和附加的文本片段（称作子项目，它们与显示在报表视图中的ListItem对象关联）。

ListView控件有很多的属性、事件和方法。表3-13中列出了该控件的常见属性。

表3-13　ListView的常用属性

属　　性	含　　义
Alignment	获取或设置控件中项的对齐方式
CheckedItems	获取控件中当前选中的项
Columns	获取控件中显示的所有列标题的集合
FullRowSelect	该值指示单击某项是否选择其所有子项
LabelWrap	该值指示当项作为图标在控件中显示时，项标签是否换行
MultiSelect	该值指示是否可以选择多个项
SelectdItems	获取在控件中选定的项
View	获取或设置项在控件中的显示方式

表3-14　ListView的常用事件

事　　件	含　　义
AfterLabelEdit	当用户编辑项的标签时发生
BeforeLabelEdit	当用户开始编辑项的标签时发生
ColumnClick	当用户在列表视图控件中单击列标题时发生
ColumnReordered	在列标题顺序更改时发生
ItemActivate	当激活项时发生
ItemDrag	当用户开始手动项时发生
ItemSelectionChanged	当项的选定状态发生更改时发生

2. ListViewItem

ListView控件与ListBox相似，都是用来显示多个项的数据列表，与ListBox不同的是，ListView的显示方式比较多，所以需要专门的ListViewItem类作为ListView的项内容，ListViewItem不仅是显示项的数据内容，还可以定义要显示项的外观、行为和数据。还可以使用ListViewSubItem子项为ListViewItem设置多列数据，以下代码类似资源管理器中的详细列表模式，共十行数据，每行数据有两列信息（测试时添加ListView控件，并设置View属性为Details）。

```
private void button1_Click(object sender, EventArgs e)
    {
        ColumnHeader title = new ColumnHeader();//声明标头，并创建对象
        title.Text = "标头1名称";//标头1显示的名称
        title.Width = 120;//标头1的宽度
        listView1.Columns.Add(title);//将标头一添加到ListView的Columns对象中
        title = new ColumnHeader();//声明标头，并创建对象
        title.Text = "标头2名称";//标头2显示的名称
        title.Width = 150;//标头2的宽度
        listView1.Columns.Add(title);//将标头2添加到listView的Columns对象中
        for (int i = 1; i < 10; i++)//共生成十行数据
        {
            ListViewItem lvt = newListViewItem();//定义一个项
            lvt.Text = "第" + i.ToString() + "行第一列信息";//第一列的数据
            lvt.Tag = "与该项关联的信息的对象";//Tag可以是任何对象的值
            //子项
            ListViewItem.ListViewSubItem lvsi = new ListViewItem.ListViewSubItem();
            lvsi.Text = "第" + i.ToString() + "行第二列信息";//第二列的数据
            lvt.SubItems.Add(lvsi);//将第二列添加到ListViewTtem中
            listView1.Items.Add(lvt);//将生成的listViewitem项添加到ListView控件中
        }
    }
```

3. 结构体

C#中结构类型和类在语法上非常相似，它们都是一种数据结构，都可以包括数据成员和方法成员。

结构和类的区别：

1）结构是值类型，它在栈中分配空间；而类是引用类型，它在堆中分配空间，栈中保存的只是引用。

2）结构类型直接存储成员数据，让其他类的数据位于其中，位于栈中的变量保存的是指向堆中数据对象的引用。

C#中的简单类型，如int、double、bool等都是结构类型。如果需要的话，甚至可以使用结构类型结合运算符运算重载，再为C#语言创建出一种新的值类型。

由于结构是值类型，并且直接存储数据，因此在一个对象的主要成员为数据且数据量不大的情况下，使用结构会带来更好的性能。

声明结构体的语法如下。

```
public struct AddressBook
{
```

```
    //字段、属性、方法、事件
}
```
比如要声明一个人的结构体，可以使用如下语句：
```
public struct PersonStruct
{
    public string Name;//人名
    public string MobilePhone;//联系电话
    public DateTime Birthday;//出生日期
}
```

任务拓展

在此任务的基础上，增加游戏大厅的功能，记录当前游戏大厅中等待对手、正在下棋的列表。

任务6　实现五子棋输赢判定功能

任务描述

局域网五子棋是两个人参加的游戏，小董将写好的五子棋游戏进行了多次调试，终于实现了在线邀请好友功能，但此时的游戏还仅仅能够邀请在线的好友，还没有实现游戏输赢判断功能，没有真正的可玩性，所以要将五子棋游戏功能进行完善，还需要编写输赢判断功能。

任务分析

在任务5中完成的邀请好友功能的基础上，如果要判断玩家输赢，首先要判断哪一种颜色的棋子率先5子连成了一线（水平、垂直、对角），如果同色棋子连成一线则判断该玩家为赢家。

任务实施

1. 打开项目

打开任务5完成的项目。

2. 给窗体添加代码用以判断输赢

（1）为主窗体添加部分变量，代码如下

```
bool isDoublePoint = false;// 用以标识位置是否重复
private int[,] symbol = new int[16, 16];// 黑子白子的状态数组（16×16矩阵）
bool chessman = false;// 标识是黑子还是白子
bool IsPlay = false;// 标识是否正在玩游戏过程中
bool IsDoublePlay = false;// 是否双人游戏
bool IsPlayChess = false;// 是否我下子
IPEndPoint friendIPEndPoint;// 好友IP和端口
private readonly IPEndPoint IPEndBroadcast =
            new IPEndPoint(IPAddress.Broadcast, 12345);// 获取本机广播使用的IP
```

组

```
int myPort = 12345;// 我的端口号
UdpClient myClient;// 我的网络客户端
IPAddress IPHost;// 本地IP
Thread myThreadReceive;// 我的接收线程
string hostName;// 本机名
//把坐标存储到集合中，Point表示在二维平面中的坐标
List<Point> points = new List<Point>();
```

（2）一条线（水平、垂直、对角线）上只要有五颗颜色相同的棋子连成一线则判断为赢家，判断输赢的代码如下所示

```
private bool win(int heiBai)// 判断谁输谁赢（参数heiBai为棋子的颜色编号）
    {
    int hang = 0;
    int lie = 0;
    int xie1 = 0;
    for (int i = 0; i < 15; i++)// 行列判断
        {
            lie = 0;
            for (int j = 0; j < 15; j++)//列的判断
            {
                if (symbol[i, j] == heiBai)
                    {
                        lie++;
                        if (lie >= 5)
                            {
                                return true;
                            }
                    }
                else
                    {
                    lie = 0;
                    }
            }
        hang = 0;
        for (int j = 0; j < 15; j++)//行的判断
        {
            if (symbol[j, i] == heiBai)
            {
                    hang++;
                    if (hang == 5)
                     {
                        return true;
                     }
            }
            else
            {
                hang = 0;
            }
        }
        }
```

```
// 斜线判断
for (int i = 0; i < 15; i++)//左上角到右下角的判断
    {
        xie1 = 0;
        for (int x = i, y = 0; y < 15 - i; x++, y++)
        {
            if (symbol[x, y] == heiBai)
                {
                    xie1++;
                    if (xie1 >= 5)
                        {
                            return true;
                        }
                }
            else
                {
                    xie1 = 0;
                }
        }
    for (int x = 0, y = i; x < 15 - i; x++, y++)
        {
        if (symbol[x, y] == heiBai)
          {
                xie1++;
                if (xie1 >= 5)
                {
                    return true;
                }
          }
        else
          {
                xie1 = 0;
          }
        }
    }
for (int i = 0; i < 15; i++)//右上角到左下角的判断
    {
        xie1 = 0;
        for (int x = 14 - i, y = 0; y < 15 - i; x—, y++)
        {
            if (symbol[x, y] == heiBai)
                {
                    xie1++;
                    if (xie1 >= 5)
                        {
                            return true;
                        }
                }
            else
                {
```

```
                        xie1 = 0;
                    }
            }
    for (int x = 14, y = i; x >= i; x--, y++)
        {
            if (symbol[x, y] == heiBai)
            {
                xie1++;
                if (xie1 >= 5)
                {
                    return true;
                }
            }
            else
            {
                xie1 = 0;
            }
        }
    }
    return false;
}
```

3. 在之前编写的playChess方法的最后添加代码，完成与好友下棋的过程，完整代码如下所示

```
private void playChess(int X, int Y)
{
        int xyu = X % 31;//用来判断是接近哪个点
        int xchu = X / 31;//用来判断是哪一列
        int yyu = Y % 31;
        int ychu = Y / 31;
        if (25 <= X && X <= 500 && 25 <= Y && Y <= 500)//是否在棋盘内
        {
        if (xyu < 15.5 && yyu < 15.5)
        {
            for (int i = 0; i < points.Count; i++)//判断位置是否相同
            {
                if (points[i] == new Point(31 * xchu, 31 * ychu))
                {
                    isDoublePoint = true;
                    return;
                }
            }
            points.Add(new Point(31 * xchu, 31 * ychu));//添加到棋盘
            chessman = !chessman;//设置棋子颜色, 如果是白的就变黑, 黑的就变白
            pictureBox1.Refresh();//重新绘制界面
        }
    if ((xyu > 15.5 && yyu > 15.5))
        {
        for (int i = 0; i < points.Count; i++)
            {
            if (points[i] == new Point(31 * (xchu + 1), 31 * (ychu + 1)))
```

```
                        {
                                isDoublePoint = true;
                                return;
                        }
                }
                points.Add(new Point(31 * (xchu + 1), 31 * (ychu + 1)));
                chessman = !chessman;
                pictureBox1.Refresh();
        }
    if (xyu > 15.5 && yyu < 15.5)
        {
          for (int i = 0; i < points.Count; i++)
            {
                if (points[i] == new Point(31 * (xchu + 1), 31 * ychu))
                {
                        isDoublePoint = true;
                        return;
                }
            }
            points.Add(new Point(31 * (xchu + 1), 31 * ychu));
            chessman = !chessman;
            pictureBox1.Refresh();
        }
    if ((xyu < 15.5 && yyu > 15.5))
        {
          for (int i = 0; i < points.Count; i++)
            {
                if (points[i] == new Point(31 * xchu, 31 * (ychu + 1)))
                {
                        isDoublePoint = true;
                        return;
                }
            }
            points.Add(new Point(31 * xchu, 31 * (ychu + 1)));
            chessman = !chessman;
            pictureBox1.Refresh();
        }
    }//////////
int rowNum = points[points.Count - 1].Y / 31 - 1;//行编号
int colNum = points[points.Count - 1].X / 31 - 1;//列编号
    if (chessman)
        {
            symbol[colNum, rowNum] = 1;//放入相应坐标[列，行] = 黑子
            if (win(1))//根据棋子颜色 判断输赢
            {
            MessageBox.Show("恭喜获胜");
            if (IsDoublePlay)//如果是双人游戏
                {
                    SendFriendMsg(MsgType.新游戏, "over", friendIPEndPoint);
                    DoubleGameOver();
```

```
                DialogResult dr = MessageBox.Show("是否再次邀请游戏", "提示",
                        MessageBoxButtons.YesNo, MessageBoxIcon.Information);
            if (dr == DialogResult.Yes)
                {
                    SendFriendMsg(MsgType.邀请游戏, "OK", friendIPEndPoint);
                }
            return;
            }
                points.Clear();//清空所有棋子记录
                pictureBox1.Refresh();//刷新界面
                DialogResult d = MessageBox.Show("是否重新开始?", "提示",
                        MessageBoxButtons.YesNo, MessageBoxIcon.Information);
                //清空数组
                if (d == DialogResult.Yes)
                {
                    IsPlay = true;
                    points.Clear();
                    pictureBox1.Refresh();
                    chessman = false;//棋子颜色默认为黑
                }
                else
                {
                    IsPlay = false;
                }
                symbol = newint[16, 16];
            }
        }
        else
        {

                symbol[colNum, rowNum] = 2;
                if (win(2))
                {
                MessageBox.Show("恭喜获胜);
                if (IsDoublePlay)
                {
                    SendFriendMsg(MsgType.新游戏, "over", friendIPEndPoint);
                    DoubleGameOver();
                    DialogResult dr = MessageBox.Show("是否再次邀请游戏?",
                    "游戏提示", MessageBoxButtons.YesNo, MessageBoxIcon.Information);
                    if (dr == DialogResult.Yes)
                    {
                        SendFriendMsg(MsgType.邀请游戏, "OK", friendIPEndPoint);
                    }
                  return;
                }
                points.Clear();
                pictureBox1.Refresh();
                DialogResult d = MessageBox.Show("是否重新开始?", "提示",
                        MessageBoxButtons.YesNo, MessageBoxIcon.Information);
        if (d == DialogResult.Yes)
```

```
        {
            IsPlay = true;
            points.Clear();
            pictureBox1.Refresh();
            chessman = false;//棋子颜色默认为黑
        }
        else
        {
            IsPlay = false;
        }
        symbol = newint[16, 16];
    }
  }
}
```

到这里游戏的基本功能已经完成了，单击生成棋盘按钮，在棋盘上单击已经可以判断棋子是否在一条线上了。效果如图3-15所示。

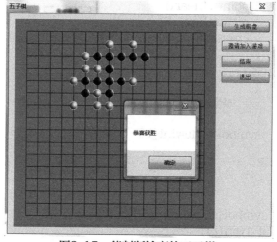

图3-15　能判断输赢的五子棋

首先为实现游戏功能，在程序的开始位置编写事件的委托

```
private delegate void BeginGameDelegate();//游戏开始的委托
public delegate void AgreeGameDelegate();//对方同意游戏的委托
public delegate voidOperateDelegate(int x, int y);//操作委托
public delegate voidGameOverDelegate();//游戏结束委托
```

（1）编写广播消息方法

```
// 广播消息（消息类型、消息内容）
 private void SendBroadcastMsg(MsgType type, string msg)
    {
        //消息格式为消息类型:用户名:IP地址:端口:操作消息
        string message = string.Format("{0}:{1}:{2}:{3}:{4}", (int)type,
                        hostName, IPHost.ToString(), myPort, msg);
        byte[] msgs = Encoding.Default.GetBytes(message);//将消息转换为字节
        myClient.Send(msgs, msgs.Length, IPEndBroadcast);//发送信息，长度，广播地址
    }
```

（2）编写游戏过程中的操作方法

```
private void OperateGame(int x, int y)// 操作游戏x坐标、y坐标
    {
```

```
        playChess(x, y);//调用下棋方法
        IsPlayChess = true;
        lblMessage.Text = "请落子！（下棋子）";
    }
```

（3）编写开始网络游戏方法

```
private void BeginDoubleGame()// 开始游戏
    {
        points.Clear();//清空内容
        IsPlay = true;//开始游戏
        IsDoublePlay = true;//开始双人游戏
        IsPlayChess = true;//本方落子
        btnRequest.Enabled = false;//不能再邀请别人
        lblMessage.Text = "请落子！（下棋子）";
        SendFriendMsg(MsgType.同意游戏, "OK", friendIPEndPoint);
    }
```

（4）编写向好友发送消息方法

```
// 发送好友消息（消息类型、消息内容、IP端口号）
private void SendFriendMsg(MsgType type, string msg, IPEndPoint ipPort)
    {
        //消息格式为消息类型:用户名:IP地址:端口:操作消息
        string message = string.Format("{0}:{1}:{2}:{3}:{4}", (int)type,
                            hostName, IPHost.ToString(), myPort, msg);
        byte[] msgs = Encoding.Default.GetBytes(massage);//将消息转换为字节
        myClient.Send(msgs, msgs.Length, ipPort);//发送信息，长度，好友IP地址
    }
```

（5）编写游戏结束方法

```
public cvoid DoubleGameOver()// 游戏结束
    {
        points.Clear();//清空所有棋子记录
        symbol = newint[16, 16];
        IsPlay = false;
        IsDoublePlay = false;
        btnRequest.Enabled = true;//可以邀请别人
        pictureBox1.Refresh();//刷新界面
        lblMessage.Text = "游戏结束！";//游戏结束
    }
```

（6）编写好友同意游戏方法

```
private void AgreeGame()// 同意游戏
    {
        IsPlay = true;//开始游戏
        IsDoublePlay = true;//是双人游戏
        IsPlayChess = false; //不可落子下棋子
        btnRequest.Enabled = false;//不能再邀请别人
        lblMessage.Text = "等待对方下子！.......";
    }
```

（7）编写线程的接收方法

```
private void ThreadReceiveMsg()// 线程接收消息
    {
        //侦听所有网络接口上的客户端活动
```

```
IPEndPoint IPEndFrom = new IPEndPoint(IPAddress.Any, 11111);
string friendIP;//好友IP
int friendProt;//好友端口
string friendName;//好友名
string friendMsg;//好友消息
MsgType friendMsgType;//消息类型
FriendInfo f = null;//好友信息
while (true)//程序关闭前一直监听网络上的信息
  {
    try
      {
        //获得网络上传输的消息
        byte[] message = myClient.Receive(ref IPEndFrom);
        string msg = Encoding.Default.GetString(message);//将消息转换为字符串
        string[] MSGS = msg.Split(':');//用":"拆分消息
        //将获得的第一个参数转换为消息类型
        friendMsgType = (MsgType)int.Parse(MSGS[0]);
        friendName = MSGS[1];//获得用户名
        friendIP = MSGS[2];//获得IP地址
        friendProt = int.Parse(MSGS[3]);//获得端口号
        friendMsg = MSGS[4];//获得操作消息
      }
    catch (Exception)
      {
        continue;//如果发生异常进行下一次监听
      }
    switch (friendMsgType)//分类处理消息
      {
        case MsgType.上线:
                f = new FriendInfo();//将接收到的好友信息存放到对象
                f.FriendIP = friendIP;
                f.FriendName = friendName;
                f.FriendPort = friendProt;
            if (!friends.ContainsKey(friendIP))//添加好友
              {
                  friends.Add(friendIP, f);
              }
            //发送应答
            SendFriendMsg(MsgType.上线应答, "应答",
                    New IPEndPoint(IPAddress.Parse(friendIP), friendProt));
            break;
        case MsgType.下线:
            if (friends.ContainsKey(friendIP))//如果存在则IP移除
              {
                  friends.Remove(friendIP);
              }
            break;
        case MsgType.上线应答:
                f = new FriendInfo();//将接收到的好友信息存放到对象
                f.FriendIP = friendIP;
```

```
        f. FriendName = friendName;
        f. FriendPort = friendProt;
        if (!friends. ContainsKey (friendIP)) //添加好友
        {
            friends. Add (friendIP, f);
        }
    break;
case MsgType. 邀请游戏:

    if (IsPlay) //如果正在游戏中
    {
        SendFriendMsg (MsgType. 游戏中, "Play",
         new IPEndPoint (IPAddress. Parse (friendIP), friendProt));
    }
    else
    {
    btnRequest. Enabled = false;
    DialogResult dr = MessageBox. Show ("是否接收游戏邀请! ",
    "游戏邀请", MessageBoxButtons. YesNo, MessageBoxIcon. Information);
    if (dr == DialogResult. Yes)
        {
            //获得IP地址和端口号
            friendIPEndPoint = new
             IPEndPoint (IPAddress. Parse (friendIP), friendProt);
            //开始连线游戏(委托: 将界面控件委托给监听的线程使用)
            this. Invoke (newBeginGameDelegate (BeginDoubleGame));
            IsPlay = true;
            IsDoublePlay = true;
        }
        else
        {
            SendFriendMsg (MsgType. 游戏中, "Play",
            New IPEndPoint (IPAddress. Parse (friendIP), friendProt));
            IsDoublePlay = false;
            btnRequest. Enabled = true;
        }
    }
    break;
case MsgType. 同意游戏:
    this. Invoke (new AgreeGameDelegate (AgreeGame)); //启动游戏
    break;
case MsgType. 操作信息:
    string [] point = friendMsg. Split (','); //拆分信息 获取坐标点
    int x = int. Parse (point [0]); //获得坐标
    int y = int. Parse (point [1]); //获得坐标
      this. Invoke (new OperateDelegate (OperateGame), new object []
                                { x, y }); //调用操作方法 传递坐标点
    break;
case MsgType. 游戏结束:
    MessageBox. Show ("对方逃跑你赢了! ");
```

```
                    this.Invoke(new GameOverDelegate(DoubleGameOver));
                    break;
            case MsgType.游戏中:
                    MessageBox.Show("对方游戏中D", "游戏中", MessageBoxButtons.OK,
                                        MessageBoxIcon.Information);
                    IsPlay = false;
                    IsDoublePlay = false;
                    break;
            case MsgType.新游戏:
                    MessageBox.Show("你输棋了！");
                    this.Invoke(new GameOverDelegate(DoubleGameOver));
                    break;
                }
            }
        }
```

到这里与好友进行游戏的方法已经编写完毕，但通过调试发现还无法实时地与好友进行游戏对弈，为此还应该编写调用线程的事件方法。

4. 为游戏主界面窗体添加Load事件代码

选中游戏主界面窗体，选择"属性"并单击鼠标右键，在弹出的快捷菜单中选择"事件"选项，双击Load为窗体添加Load事件，代码如下所示。

```
private void mainForm_Load(object sender, EventArgs e)
    {
        CheckForIllegalCrossThreadCalls = false;//屏蔽线程异常
        IPHost = Dns.GetHostAddresses(Dns.GetHostName())[0];//获得本地IP
        hostName = Dns.GetHostName();//获得本机名
            //使用正则表达式判断 是否为正确的IP地址格式
        if (!Regex.IsMatch(IPHost.ToString(), @"\d+\.\d+\.\d+\.\d"))
        {
            IPHost = Dns.GetHostAddresses(Dns.GetHostName())[1];//不正确则获得另一个IP
        }
        try
        {
            myClient = new UdpClient(myPort);// 客户端设置端口
        }
        catch (Exception ex)
        {
        Throw new Exception(ex.Message);
        }
            SendBroadcastMsg(MsgType.上线, "上线");//发送上线信息
            //线程启动时执行的方法
        ThreadStart receiveTreadStart = new ThreadStart(ThreadReceiveMsg);
        myThreadReceive = new Thread(receiveTreadStart);//将方法指定给线程
        myThreadReceive.IsBackground = true;//设为后台线程
        myThreadReceive.Start();//接收线程启动
    }
```

5. 为窗口添加关闭窗口时的代码，代码如下所示

```
//关闭窗体时
private void mainForm_FormClosing(object sender, FormClosingEventArgs e)
    {
```

```
        if (IsDoublePlay)
        {
            SendFriendMsg(MsgType.游戏结束, "over", friendIPEndPoint);
        }
        SendFriendMsg(MsgType.下线, "下线", IPEndBroadcast);
    }
```

6. 编写"结束"按钮事件代码

```
    private void bthOver_Click(object sender, EventArgs e)
    {
        DialogResult d = MessageBox.Show("游戏结束", "提示",
                MessageBoxButtons.YesNo, MessageBoxIcon.Information);
        if (d == DialogResult.Yes)
        {
            symbol = new int[15, 15];//清空记录
            points.Clear();
            pictureBox1.Refresh();//重新绘制界面（刷新）
            IsPlay = false;
            bthOver.Enabled = false;//结束按钮不可用
            btnRequest.Enabled = true;//邀请加入按钮可用
        }
    }
```

7. 编写"退出"按钮事件代码

```
private void btnExit_Click(object sender, EventArgs e)//退?出?
    {
        DialogResult d = MessageBox.Show("确定要退出游戏吗？",
                "提示", MessageBoxButtons.YesNo, MessageBoxIcon.Information);
        if (DialogResult.Yes == d)
        {
            this.Close();
        }
    }
```

必备知识

1. 多线程编程

在计算机中，当程序运行的时候，操作系统便会为其分配一个进程，操作系统要管理所有的进程，但进程不是操作系统管理的基本单位，操作系统可以管理到线程，一个进程至少包括一个线程，一个进程可以包括多个线程，当一个进程拥有多个线程时，这个进程就可以执行多个任务，这种方法可以解决网络通信、串口通信等与低速设备相关的操作而产生的阻塞问题。

在C#中，线程由System.Threading命名空间中的Thread类实现，声明线程的语法如下。

`Thread mythread=new Thread(entryPoint);`

这里的entryPoint是线程的入口函数，每一个线程都需要一个入口函数，函数必须是没有参数和返回值的函数，通过委托机制完成函数的传递，与入口函数相关的委托是ThreadStart。归纳起来，创建一个线程一般要经历3个步骤。

1）编写入口函数，类似如下代码。

```
private void myThreadMethod()
{
    //线程中的代码
}
```

2）创建入口函数，代码如下。

```
ThreadStart entryPoint=new ThreadStart(myThreadMethod);
```

3）创建线程。

```
Thread newThread=new Thread(entryPoint);
```

以下是一个简单的线程实例代码，运行时会启动三个线程，分别控制三个进度条控件，效果如图3-16所示。

```
private void button1_Click(object sender, EventArgs e)
    {
        CheckForIllegalCrossThreadCalls = false;//跨线程访问允许
        Thread t1 = new Thread(new ThreadStart(thread1));
        Thread t2 = new Thread(new ThreadStart(thread2));
        Thread t3 = new Thread(new ThreadStart(thread3));
        t1.Start();
        t2.Start();
        t3.Start();
    }
private void thread1()
    {
        while (progressBar1.Value<100)
        {
            progressBar1.PerformStep();
            Thread.Sleep(200);
        }
    }
private void thread2()
            {
    while (progressBar2.Value <100)
        {
            progressBar2.PerformStep();
            Thread.Sleep(300);
        }
    }
private void thread3()
    {
    while (progressBar3.Value <100)
        {
            progressBar3.PerformStep();
            Thread.Sleep(400);
        }
    }
```

使用线程还需要注意线程的状态、同步、跨线程访问等问题。

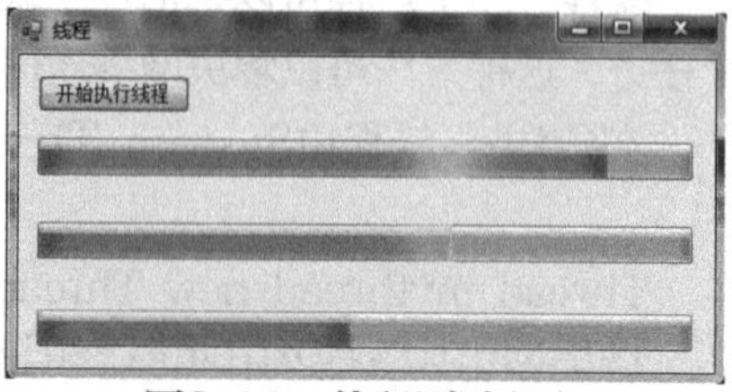

图3-16　线程测试程序

2．网络编程概述

网络应用程序需要通过网络连接不同的主机上的应用，并且交换数据，这里使用套接字

（Socket）编程技术，套接字是通信的基石，是支持TCP/IP的网络通信的基本操作单元，可以将套接字看作不同主机间的进程进行双向通信的端点，它构成了单个主机内及整个网络间的编程界面。TCP/IP提供了流式套接字、数据报套接字与原始套接字3种类型的套接字。

网络编程模式中以C/S编程模式最为常用，C/S模式即为客户机/服务器（Client/Server）模式。服务器程序首先打开一个通信通道并告知本地主机，它愿意在某一个地址和端口上接收客户请求，接收到请求后，可以重复收发数据，直至关闭服务。而客户端则需要打开一个通信通道，并连接到服务器所在主机的特定端口，服务器响应后则可以与之通信和收发数据，完成后结束通信。

3. Socket介绍

在C#程序设计中，可以使用Socket类来进行网络编程，以下为Socket类的构造函数。

```
public Socket(
    AddressFamily    addressFamily,
    SocketType       socketType,
    ProtocolType     protocolType
);
```

在构造函数中，AddressFamily用来指定网络类型，SocketType用来指定套接字类型，ProtocolType用来指定网络协议，这3个参数都定义在System.Net.Sockets命名空间中。对于AddressFamily一般只使用AddressFamily.InterNetwork，此时SocketType、ProtocolType可以使用表3-15中的组合。

表3-15　套接字定义组合

SocketType值	ProtocolType值	含　　义
Stream	Tcp	面向连接套接字
Dgram	Udp	无连接套接字
Raw	Icmp	网际消息控制协议套接字
Raw	Raw	基础传输协议套接字

Socket类有丰富的方法，常用的方法见表3-16。

表3-16　Socket类的常用方法

方　　法	含　　义
Bind(EndPoint address)	服务端创建套接字后需要将其绑定到主机的一个IP和端口上，参数EndPoint即为IP地址和端口结构
Listen(int con_num)	套接字完成绑定后，使用此方法监听客户发送的连接请求，参数int为最大可接受的连接数目
Accept()	服务端接受连接请求，此方法将返回一个新的套接字，以负责后期所有通信
Send()	服务端和客户端都可以使用的发送数据的方法
Receive()	服务端和客户端都可以使用的接收数据的方法
Connect(EndPoint remoteEP)	客户端向服务端发送连接请求的方法，参数EndPoint为服务器端IP地址和端口信息，此方法将一直阻塞直至成功或返回异常
Shutdown(SocketShutdown how)	客户端和服务器端的通信结束时，使用此方法禁止套接字发送和接收数据
Close()	关闭套接字，释放所有相关资源

4. Socket网络编程

下面用一个简单的实例来说明使用套接字编写网络聊天程序。实例分为两个部分，一是服务器端的程序，二是客户端的程序，为了方便起见，将两个功能设计在一个界面中，效果如图3-17所示。程序所有代码如下。

```
using System;
using System. Collections. Generic;
using System. ComponentModel;
using System. Data;
using System. Drawing;
using System. Linq;
using System. Text;
using System. Windows. Forms;
//以下为添加引入的命名空间
using System. Net;
using System. Net. Sockets;
using System. Threading;
namespace wanlu
{
    public partial class Form1 : Form
    {
        public Socket serversocket;//服务端监听套接字
        public Socket clientsocket;//服务端连接套接字
        public Socket acceptsocket;//客户端连接套接字
        Thread servthread;//服务器接收线程
        Thread clientthread;//客户端接收线程
        Byte[] buffer = new Byte[1024];//接收数据缓冲区
        public Form1()
        {
            InitializeComponent();
        }
    private void Form1_Load(object sender, EventArgs e)
        {//窗体载入事件过程
            CheckForIllegalCrossThreadCalls = false;//允许跨线程访问
        }
    Private void button1_Click(object sender, EventArgs e)
        {    //监听按钮单击事件过程
            IPAddress ipa = IPAddress. Parse(textBox1. Text);//监听地址
            IPEndPoint ipep = new IPEndPoint(ipa, 8888);//监听端口
            //生成TCP类型的套接字
        serversocket = new Socket(AddressFamily. InterNetwork, SocketType. Stream,
                                                    ProtocolType. Tcp);
            label1. Text = "正在开始监听...";
            serversocket. Bind(ipep)//将套接字绑定到指定的IP地址和端口生成套接字
            serversocket. Listen(1);//开始监听
            button1. Enabled = false;
            button2. Enabled = false;
            label1. Text = "开始等待连接...";
            acceptsocket = serversocket. Accept();//等待连接，会阻塞
            label1. Text = "连接已经建立，可以发送消息了...";
```

```
        //生成服务端接收数据线程
        servthread = new Thread(new ThreadStart(serverrev));
        servthread.Start();//线程开始执行
    }
Private void serverrev()
    {//服务端接收数据线程
        try
        {
            while (true)
            {
                    acceptsocket.Receive(buffer);//接收数据，会阻塞
                    if (buffer.Length == 0)
                        continue;
                listBox1.Items.Add("收到客户端数据>>" +
                                        Encoding.ASCII.GetString(buffer));
            }
        }
        catch (Exception a) { }
    }
private void button2_Click(object sender, EventArgs e)
    {//连接按钮单击事件过程
        IPAddress ipa = IPAddress.Parse(textBox1.Text);//远端主机IP地址
        IPEndPoint ipep = new IPEndPoint(ipa, 8888);//远端主机端口
        //生成TCP类型的套接字
        clientsocket = new Socket(AddressFamily.InterNetwork, SocketType.Stream,
                                        ProtocolType.Tcp);
        label1.Text = "开始连接到"+textBox1.Text+"....";
        clientsocket.Connect(ipep);//开始连接，会阻塞
        label1.Text = "连接成功!";
        button2.Enabled = false;
        button1.Enabled = false;
        //生成客户端接收数据线程
        clientthread = new Thread(new ThreadStart(clientrev));
        clientthread.Start();//线程开始执行
    }
private void clientrev()
    {//客户端接收数据线程
        try
        {
            while (true)
            {
                    clientsocket.Receive(buffer);//接收数据，会阻塞
                    if (buffer.Length == 0)
                        continue;
                listBox1.Items.Add("收到服务端数据>>" +
                                        Encoding.ASCII.GetString(buffer));
            }
        }
        catch (Exception a) { }
    }
```

```csharp
private void Form1_FormClosing(object sender, FormClosingEventArgs e)
{//窗体关闭事件过程 ¨¬
    if(serversocket!=null)
        serversocket.Close();//关闭服务端套接字
    if(clientsocket!=null)
        clientsocket.Close();//关闭客户端套接字
    serversocket = null;
    clientsocket = null;
    if (servthread!=null&&servthread.ThreadState == ThreadState.Running)
        servthread.Abort();//关闭服务端接收数据线程
    if (clientthread!=null&&clientthread.ThreadState == ThreadState.Running)
        clientthread.Abort();//关闭客户端接收数据线程
}
private void button3_Click(object sender, EventArgs e)
{//发送按钮单击事件过程 ¨¬
    listBox1.Items.Add("我发的信息>>" + textBox2.Text);
    Byte[] sendBytes = new Byte[1024];
    sendBytes = Encoding.ASCII.GetBytes(textBox2.Text);
    if (serversocket == null)
    {
        //作为客户端
        clientsocket.Send(sendBytes, sendBytes.Length, 0);//发送数据到服务端
    }
    else
    {
        //作为服务端
        acceptsocket.Send(sendBytes, sendBytes.Length, 0);//发送数据到客户端
    }
    textBox2.Text = "";
}
}}
```

图3-17　网络聊天程序

任务拓展

为五子棋游戏增加"英雄榜"功能，在各自运行端本地存储相应对弈结果。首先游戏开始时，双方必须输入姓名，然后游戏结束时，将对弈结果以加密的形式存放到双方软件的目录中，最后，在主界面提供"英雄榜"查询功能。

项目扩展　　**实现串口调试助手**

项目描述

　　本项目模拟广泛应用的串口调试助手程序，使用SerialPort控件实现串口数据的发送与接收，完全实现串口调试高度助手"SerialComAssistant"工具的全部功能；包括串口选择、设置、打开与关闭、十六进制数据发送、自动发送与自动发送周期设置、显示发送状态等功能。

项目实施

1. 建立工程

　　在VisualStudio　2010中建立项目名称为"SerialComAssitant"的基于C#语言的"Windows 窗体应用程序"。

2. 设置程序主界面（见图3-18）

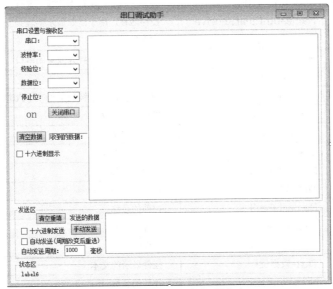

图3-18　串口调试助手界面

3. 程序界面及窗体包含控件的属性及设置说明

　　1）界面分为3个部分，分别是"串口设置与接收区""发送区"和"状态区"，其中"接收区"用于接收并显示串口发送来的数据、发送数据时串口参数设置以及以十六进制接收收到的数据；发送区设置串口发送数据的方式（十六进制、自动发送）；状态区则显示调试助手所打开的串口的状态信息。

　　2）窗体属性设置见表3-17。

项目
1

项目
2

项目
3

项目
4

附录

参考文献

表3-17　串口调试助手窗体属性设置表

控件类型	主要属性及事件	控件功能
Form	Name=Form1	程序主窗体界面
	Text=串口调试助手	主窗体界面显示的程序名称
	ShowIcon=False	不显示程序图标
	BackColor=LemonChiffon	设置窗口背景颜色
SerialPort	Name=serialPort1	串口控件名称，用于发送数据
Timer	Name=timer1	控件名称，用于自动发送数据

3）串口设置与接收区控件属性设置见表3-18。

表3-18　串口设置与接收区控件及属性设置表

控件类型	主要属性及事件	控件功能
GroupBox	Name=groupBox2	控件名称，用于放置接收区各类控件
	Text=串口设置与接收区	控件显示的文本
ComboBox	Name=dropPortName	设置串口名称
ComboBox	Name=dropBandRate	设置串口波特率
ComboBox	Name=dropParity	设置串口校验位
ComboBox	Name=dropDataBits	设置串口数据位
ComboBox	Name=dropStopBits	设置串口停止位
TextBox	Name=txtReceive	控件名称，用于显示接收到的数据
	Multiline=True	允许文本框以多行形式显示数据
Button	Name=btnClearReceive	控件名称，用于清除显示接收到的数据
	Text=清空数据	控件显示的文本
Button	Name=btnOnOff	控件名称，用于打开或关闭串口
	Text=关闭串口	控件显示的文本
CheckBox	Name=cheDispHex	控件名称，用以标识是否以十六进制接收数据
	Text=十六进制显示	控件显示的文本
Label	Name=label1	控件的名称
	Text=串口：	控件显示的文本
Label	Name=label2	控件的名称
	Text=波特率：	控件显示的文本
Label	Name=label3	控件的名称
	Text=检验位：	控件显示的文本
Label	Name=label4	控件的名称
	Text=数据位：	控件显示的文本
Label	Name=label5	控件的名称
	Text=停止位：	控件显示的文本
Label	Name=label7	控件的名称
	Text=收到的数据：	控件显示的文本
	BorderStyle=Fixed3D	设置控件的边框样式
Label	Name=labOnOff	控件的名称
	Text=ON	控件显示的文本
	ForeColor=Red	设置控件文本的颜色

4）发送区控件属性设置见表3-19。

表3-19　发送区控件及属性设置表

控件类型	主要属性及事件	控件功能
GroupBox	Name=groupBox1	控件名称，用于放置接收区各类控件
	Text=串口设置与接收区	控件显示的文本
Button	Name=btnClearSend	控件名称，用于清除编辑的数据
	Text=清空重填	控件显示的文本
Button	Name=btnSend	控件名称，用于手动发送数据
	Text=手动发送	控件显示的文本
CheckBox	Name=cheSendHex	控件名称，用于标识是否以十六进制发送数据
	Text=十六进制发送	控件显示的文本
CheckBox	Name=cheSendAuto	控件名称，用于标识是否自动发送数据
	Text=自动发送(周期改变后重选)	控件显示的文本
TextBox	Name=txtSendPeriod	控件名称，用于设置自动发送数据的时间周期
Label	Name=label8	控件的名称
	Text=发送的数据	控件显示的文本
Label	Name=label9	控件的名称
	Text=自动发送周期:	控件显示的文本
Label	Name=label10	控件的名称
	Text=毫秒	控件显示的文本

5）状态区控件属性设置见表3-20。

表3-20　状态区控件及属性设置表

控件类型	主要属性及事件	控件功能
GroupBox	Name=groupBox3	控件名称，用于放置接收区各类控件
	Text=状态区	控件显示的文本
Label	Name=labStatus	控件名称，用于显示程序的状态信息
	Text=Label6	控件名称（可设置Text 属性值为空）

4. 代码编写

1）选择"解决方案管理器"中的"Form1.cs"并单击鼠标右键，在弹出的快捷菜单中选择"查看代码"命令，打开窗口程序的代码编写窗口，如图3-19所示。

2）设置局部变量，在程序开始位置添加两个变量。

bool isFirstLoad = true;//值为true时，表示窗口第一次加载运行

string receiveData = string.Empty;//存放接收数据

3）编写初始化程序函数info()，在程序打开时首先对程序界面各控件参数进行初始化设置，代码如下。

private void init()// 初始化端口设置

　　{

图3-19　Form1.cs 右键快捷菜单

```
//初始化串口列表
    for (int i = 1; i < 6; i++)
        {
            this. dropPortName. Items. Add("COM" + i. ToString());
        }
    this. dropPortName. SelectedIndex = 0;
    //初始化波特率
    this. dropBandRate. Items. Add("300");
    this. dropBandRate. Items. Add("600");
    this. dropBandRate. Items. Add("1200");
    this. dropBandRate. Items. Add("2400");
    this. dropBandRate. Items. Add("4800");
    this. dropBandRate. Items. Add("9600");
    this. dropBandRate. Items. Add("19200");
    this. dropBandRate. Items. Add("38400");
    this. dropBandRate. Items. Add("43000");
    this. dropBandRate. Items. Add("56000");
    this. dropBandRate. Items. Add("57600");
    this. dropBandRate. Items. Add("115200");
    this. dropBandRate. SelectedIndex = 5;
    //初始化停止位
    this. dropStopBits. Items. Add("0");
    this. dropStopBits. Items. Add("1");
    this. dropStopBits. Items. Add("2");
    this. dropStopBits. SelectedIndex = 1;
    //初始化数据位
    this. dropDataBits. Items. Add("8");
    this. dropDataBits. Items. Add("7");
    this. dropDataBits. Items. Add("6");
    this. dropDataBits. Items. Add("5");
    this. dropDataBits. SelectedIndex = 0;
    //初始化奇偶校验位
    this. dropParity. Items. Add("无T");
    this. dropParity. Items. Add("奇校验");
    this. dropParity. Items. Add("偶校验");
    this. dropParity. SelectedIndex = 0;
    }
```

4）程序控件参数初始设置完成后，需要对串口控件SerialPort进行初始设置，代码如下。

```
private void setSerialPort() //设置串口
    {
        this. serialPort1. PortName = this. dropPortName. Text. Trim(); //设置串口名
称
        //设置波特率
        this. serialPort1. BaudRate = Convert. ToInt32(this. dropBandRate. Text. Trim());
        //设置停止位
        float stopBits = Convert. ToSingle(this. dropStopBits. Text. Trim());
        if (stopBits == 0)
        {
            this. serialPort1. StopBits = StopBits. None;
```

```
        }
        else if (stopBits == 1)
        {
                this.serialPort1.StopBits = StopBits.One;
        }
        else if (stopBits == 1.5)
        {
                this.serialPort1.StopBits = StopBits.OnePointFive;
        }
        else if (stopBits == 2)
        {
                this.serialPort1.StopBits = StopBits.Two;
        }
        else
        {
                this.serialPort1.StopBits = StopBits.One;
        }
    //设置数据位
    this.serialPort1.DataBits = Convert.ToInt32(this.dropDataBits.Text.Trim());
    //设置奇偶检验位
    string parityBit = this.dropParity.Text.Trim().ToString();
    if (parityBit.CompareTo("无") == 0)
    {
                this.serialPort1.Parity = Parity.None;
    }
    else if (parityBit.CompareTo("奇校验") == 0)
    {
                this.serialPort1.Parity = Parity.Odd;
    }
    else if (parityBit.CompareTo("偶校验") == 0)
    {
                this.serialPort1.Parity = Parity.Even;
    }
    else
    {
                this.serialPort1.Parity = Parity.None;
    }
}
```

5）初始设置串口参数成功后，还要检测串口的状态，检测串口是否存在或被占用，代码如下。

```
private void checkPort()// 检查默认串口可用状态
{
    try
    {
            this.serialPort1.Open();
    }
    catch
    {
        this.serialPort1.Close();
        MessageBox.Show("没发现此串口，或被占用！", "串口调试助手");
```

```
    }
}
```

6）程序刚刚打开后需要在状态栏中显示串口状态，如果串口为打开状态则显示"OPENED"否则显示"CLOSED"，还需要显示串口所设置波特率、数据位、检验位、停止位等信息，代码如下。

```
private void serialStatus()// 显示串口当前状态信息
    {
        this.labStatus.Text=string.Format("status:{0} {1} {2},{3},{4},{5}",
        this.serialPort1.PortName,     // 串口名称
        this.serialPort1.IsOpen?"OPENED":"CLOSED",  // 串口是否打开
        this.serialPort1.BaudRate,   // 串口波特率
        this.serialPort1.Parity.ToString(),  // 串口检验位
        this.serialPort1.DataBits,  // 串口数据位
        this.serialPort1.StopBits.ToString()  // 串口停止位
        );
    }
```

7）由于窗体打开时，首先执行Form1_Load(object sender, EventArgs e)函数，所以，在Form1_Load函数中调用需要在程序初始化需要执行的程序，同时设置"表示窗口第一次加载运行变量isFirstLoad的值为false"，代码如下。

```
private void Form1_Load(object sender, EventArgs e)
    {
            init();
            setSerialPort();
            checkPort();
            isFirstLoad = false;
            this.serialStatus();
    }
```

添加Form1_Load函数的方法：选择Form1窗体并单击鼠标右键，在弹出的快捷菜单中选择"属性"，在"属性"窗口中单击 图标，切换到事件窗口，双击"Load"程序自动添加"Form1_load"函数到代码窗口中，如图3-20所示。

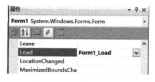

图3-20 窗体事件

8）程序运行时，一旦更换当前串口，需要同时更改SerialPort的串口名称，因为更换当前串口是通过下拉列表控件dropPortName来完成的，所以需要为dropPortName控件添加"SelectedIndexChanged"事件，添加方法如下。

选择"dropPortName"控件并单击鼠标右键，在弹出的快捷菜单中选择"属性"，在"属性"窗口中单击 ，切换到事件窗口，双击"SelectedIndexChanged"程序自动添加"dropPortName_SelectedIndexChanged(object sender, EventArgs e)"函数到代码窗口中，然后在SelectedIndexChanged函数中添加改变下拉列表控件选项的事件代码，代码如下。

```
// 改变串口时发生
private void dropPortName_SelectedIndexChanged(object sender, EventArgs e)
    {
        if (isFirstLoad)
        {
            return;
```

```
      }
    try
      {
        this. serialPort1. Close ();
        this. serialPort1. PortName = this. dropPortName. Text. Trim ();
        this. serialPort1. Open ();
        this. labOnOff. Text = "ON";//如果串口打开成功, 则显示"ON"
        this. btnOnOff. Text = "关闭串口";// 如果串口打开成功, 则显示"关闭串口"
      }
    catch
      {
        this. serialPort1. Close ();
        this. labOnOff. Text = "OFF";//如果串口没有打开, 则显示"OFF"
        this. btnOnOff. Text = "打开串口";//如果串口没有打开, 则显示"打开串口"
        MessageBox. Show ("没发现此串口, 或被占用! ", "串口调试助手");
      }
  }
```

9) 更换串口波特率时方法同更换当前串口方法相同, 代码如下。

```
    // 改变波特率时发生
private void dropBandRate_SelectedIndexChanged (object sender, EventArgs e)     {
    if (isFirstLoad)
      {
          return;
      }
    if (!this. serialPort1. IsOpen)
      {
          MessageBox. Show ("没有成功, 请重试! ", "串口调试助手");
          return;
      }
    this. serialPort1. BaudRate = Convert. ToInt32 (this. dropBandRate. Text. Trim ());
}
```

10) 更换检验位时方法同更换当前串口方法相同, 代码如下。

```
    // 改变校验位时发生
  private void dropParity_SelectedIndexChanged (object sender, EventArgs e)
  {
    if (isFirstLoad)
      {
          return;
      }
    if (!this. serialPort1. IsOpen)
      {
          MessageBox. Show ("没有成功, 请重试! ", "串口调试助手");
          return;
      }
    string parityBit = this. dropParity. Text. Trim (). ToString ();
    if (parityBit. CompareTo ("无") == 0)
      {
          this. serialPort1. Parity = Parity. None;
      }
    else if (parityBit. CompareTo ("奇校验") == 0)
```

```
            {
                    this.serialPort1.Parity = Parity.Odd;
            }
        else if (parityBit.CompareTo("偶校验") == 0)
            {
                    this.serialPort1.Parity = Parity.Even;
            }
        else
            {
                    this.serialPort1.Parity = Parity.None;
            }
    }
```

11）修改数据位同更换当前串口名称方法相同，代码如下。

```
    // 数据位改变时发生
    private void dropDataBits_SelectedIndexChanged(object sender, EventArgs e)
    {
        if (isFirstLoad)
        {
            return;
        }
        if (!this.serialPort1.IsOpen)
            {
                    MessageBox.Show("没有成功，请重试！", "串口调试助手");
                    return;
            }
        //设置数据位
        this.serialPort1.DataBits = Convert.ToInt32(this.dropDataBits.Text.Trim());
    }
```

12）更换停止位方法同更换串口名称方法相同，代码如下。

```
    // 停止位改变时发生
    private void dropStopBits_SelectedIndexChanged(object sender, EventArgs e)
    {
        if (isFirstLoad)
        {
            return;
        }
        if (!this.serialPort1.IsOpen)
        {
            MessageBox.Show("没有成功，请重试！", "串口调试助手");
        }
    float stopBits = Convert.ToSingle(this.dropStopBits.Text.Trim());
    if (stopBits == 0)
        {
                this.serialPort1.StopBits = StopBits.None;
        }
    else if (stopBits == 1)
        {
                this.serialPort1.StopBits = StopBits.One;
        }
    else if (stopBits == 1.5)
```

```
            {
                this.serialPort1.StopBits = StopBits.OnePointFive;
            }
        else if (stopBits == 2)
            {
                this.serialPort1.StopBits = StopBits.Two;
            }
        else
            {
                this.serialPort1.StopBits = StopBits.One;
            }
    }
```

13）程序运行过程中，如果当前所选串口处于关闭状态，需要手动将其打开；或需要手动将当前打开的串口关闭；双击"btnOnOff"按钮，为其添加单击按钮事件函数，在函数中添加相关操作代码，代码如下。

```
private void btnOnOff_Click(object sender, EventArgs e) // 打开关闭串口
    {
        if (this.btnOnOff.Text == "打开串口")
        {
            try
            {
                this.serialPort1.Open();
                this.btnOnOff.Text = "关闭串口";
            }
            catch
            {
                MessageBox.Show("没有打开串口！", "串口调试助手");
            }
        }
        else
        {
            try
            {
                this.serialPort1.Close();
            }
            catch
            {
                MessageBox.Show("没有关闭串口！", "串口调试助手");
            }
        }
    }
```

14）有时为了使在屏幕上显示出来的接收到的数据更清晰，需要清空接收到的数据，为"btnClearReceive"添加单击事件，代码如下。

```
private void btnClearReceive_Click(object sender, EventArgs e) // 清空已接收数据
    {
        this.txtReceive.Text = string.Empty;
    }
```

15）收到数据后需要显示出来，在程序代码窗口中手动编写显示数据用的函数display

Text（object sender, EventArgs e），代码如下。

```
Private void displayText(object sender, EventArgs e)//显示接收到的数据
    {
        if (this.cheDispHex.Checked == false)//接收原数据
        {
                this.txtReceive.Text += this.receiveData;
        }
        else//以十六进制接收数据
        {
            char[] data1 = this.receiveData.ToCharArray();//字符串转字符数组

            int length = data1.Length;
            for (int i = 0; i < length; i++)
            {
                string x = Convert.ToString((short)data1[i], 16);
                this.txtReceive.Text += x + " ";
            }
        }
    }
```

如果有数据发送过来，需要通过SerialPort控件的"DataReceived"方法来调用"displayText(object sender, EventArgs e)"，首先为"serialPort1"控件添加"DataReceived"函数。添加方法是在serialPort1的事件窗口中双击"DataReceived"程序并自动添加"serialPort1_DataReceived"函数，在函数中添加相关接收数据代码，代码如下。

```
private void serialPort1_DataReceived(object sender, SerialDataReceivedEventArgs e)
    {
        this.receiveData = this.serialPort1.ReadExisting();
        this.Invoke(new EventHandler(displayText));
    }
```

16）清除编辑错误的待发送的数据，为"btnSend"按钮控件添加单击事件，代码如下。

```
private void btnClearSend_Click(object sender, EventArgs e)// 清空发送数据
    {
            this.txtSend.Text = string.Empty;
    }
```

17）编写发送数据的方法，手动在代码窗口中编写发送数据的函数"sendData()"，代码如下。

```
private void sendData()// 发送数据方法
    {
        string outData = this.txtSend.Text.Trim();
        if (this.cheSendHex.Checked == false)//按原数据发送
        {
            this.serialPort1.Write(outData);
        }
        else//以十六进制发送
        {
            char[] data1 = outData.ToCharArray();//字符串转字符数组
            outData = string.Empty;
            int length = data1.Length;
```

```
        for (int i = 0; i < length; i++)
    {
            string x = Convert.ToString((short)data1[i], 16);
            outData += x + " ";
    }
        this.serialPort1.Write(outData);
    }
```

18）手动发送数据，为"btnSend"按钮控件添加单击事件，在事件过程中调用执行发送数据的方法"sendData()"。代码如下。

```
private void btnSend_Click(object sender, EventArgs e)
    {
        this.sendData();
    }
```

19）在程序运行过程中，一旦选择"自动发送（周期改变后重选）"复选框，则触发复选框控件"cheSendAuto"的"CheckedChanged"事件，在其事件里编写自动发送数据的控制代码。因为自动发送数据是通过"timer1"控件的"Tick"事件来完成的，所以在这里只需要改变"timer1"控件的工作状态就可以达到自动发送数据的目的，代码如下。

```
private void cheSendAuto_CheckedChanged(object sender, EventArgs e) // 自动发送数据
{
if (this.cheSendAuto.Checked == true)
    {
      try
        {
            this.timer1.Interval = Convert.ToInt32(this.txtSendPeriod.Text.Trim());
        }
      catch
        {
            MessageBox.Show("自动发送周期设置错误", "串口调试助手");
        }

      this.cheSendAuto.Checked = true;
      this.timer1.Enabled = true;
    }
else
    {
        this.timer1.Enabled = false;
    }
}
```

20）在"timer1"控件的事件窗口中双击"Tick"，程序自动为其添加"timer_Tick"方法，在函数过程中调用发送数据函数"sendData()"，代码如下。

```
private void timer1_Tick(object sender, EventArgs e)
    {
        this.sendData();
    }
```

21）运行程序，如图3-21所示，这时两台计算机通过串口线连接起来，可以互相发送数据，如果能够正常接收数据，说明串口设置正确。

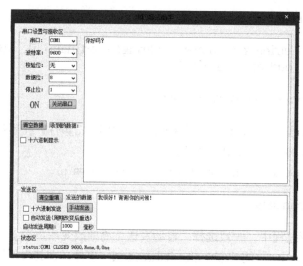

图3-21　串口调试助手运行界面

必备知识

1. 串口概述

串口是计算机上一种非常通用的设备通信接口（不要与通用串行总线Universal Serial Bus或者USB混淆）。大多数计算机包含两个基于RS-232的串口。串口同时也是仪器仪表设备通用的通信协议；很多GPIB兼容的设备也带有RS-232口。同时，串口通信协议也可以用于获取远程采集设备的数据。

串口通信的概念非常简单，串口按位（bit）发送和接收字节。尽管比按字节（byte）的并行通信慢，但是串口可以在使用一根线发送数据的同时用另一根线接收数据。它很简单并且能够实现远距离通信。比如IEEE 488定义并行通行状态时，规定设备线总常不得超过20m，并且任意两个设备间的长度不得超过2m；而对于串口而言，长度可达1200m。

现在许多笔记本电脑基本上没有串口接口了，但物联网需要设备常用串口与计算机通信，因此可以购买市场上的USB转串口设备，安装驱动后与正常的串口操作相同。

2. 串口硬件准备

在C#编程中，可以使用SerialPort控件来进行串口编程，此控件内部解决了跨线程等问题，极大地简化了串口编程。为了测试串口程序运行后的效果，需要安装好硬件设置。下面以笔记本电脑使用USB转串口设备来安装硬件环境。

硬件上需要两个USB转串口（母头）线（见图3-22）和一个两公头的串口连接线（见图3-23）。

图3-22　USB转串口线

图3-23　两公头串口连接线

按如图3-24所示，将两个串口头与串口连接线相连，USB头均插入计算机的USB口，安装驱动程序，在设备管理器中能查询到已经安装的串口设备，如图3-25所示，说明已经安装成功。

图3-24　两个串口线与计算机连接　　　　图3-25　安装串口驱动后的设备管理器

3. 串口编程

新建工程，并设置窗体界面如图3-26所示，控件名称均默认。

编写如下代码。

图3-26　串口测试程序界面

```csharp
using System;
using System.Collections.Generic;
using System.ComponentModel;
using System.Data;
using System.Drawing;
using System.Linq;
using System.Text;
using System.Windows.Forms;
//引用的命名空间
using System.Threading;//用于启用线程类
using System.IO.Ports;//用于调用串口类函数
namespace com
{
    public partial classForm1 : Form
    {
        public Form1()
        {
            InitializeComponent();
        }
        private void Form1_Load(object sender, EventArgs e)
        {
        //获取系统中的有效串口列表
        String[] Sname = SerialPort.GetPortNames();//获取串口列表
        Array.Sort(Sname);//排序
        if (Sname.Length > 0)
            foreach (String s in Sname)//遍历串口列表
                    comboBox1.Items.Add(s);//逐个增加到组合框中
        }
        private void button1_Click(object sender, EventArgs e)
```

```
        {
        if (button1.Text == "打开")
          {
            if (comboBox1.Text != "")
            {
                serialPort1.PortName = comboBox1.Text;//设置串口
                serialPort1.Open();//打开串口
                button1.Text = "关闭";
            }
          }
        else
          {
                serialPort1.Close();//关闭串口
                button1.Text = "打开";
          }
        }
    private void button2_Click(object sender, EventArgs e)
        {
        Byte[] bytes = new Byte[1024];
        //转换字符串格式，支持中文发送
        bytes = Encoding.Unicode.GetBytes(textBox1.Text);
        String str = Convert.ToBase64String(bytes);
        serialPort1.WriteLine(str);//发送转换格式后的字符串
        }
    private void serialPort1_DataReceived(object sender, SerialDataReceivedEventArgs e)
        {//串口接收到数据时事件过程
        //转换字符串格式，支持中文接收
        Byte[] bytes = Convert.FromBase64String(serialPort1.ReadLine());
        String str = Encoding.Unicode.GetString(bytes);
        listBox1.Items.Add(str);//接收串口数据
        }
    }
}
```

运行两个实例，最终效果如图3-27所示。

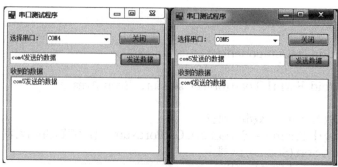

图3-27　串口测试程序运行效果

任务拓展

请利用串口通信，完成点对点聊天室功能。

设计一款简易的坦克大战游戏，如图3-28所示。

我方坦克可以通过键盘上的"左右上下"键移动，空白键可以发射子弹，敌方坦克随机出现，但只能从上到下直走，坦克可以被子弹消灭，并记录消灭数，我方坦克被敌方子弹或坦克碰撞则游戏结束。

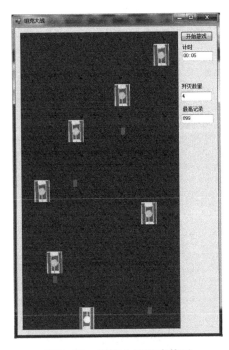

图3-28　坦克大战游戏截图

本项目实现了两个游戏软件，通过扫雷游戏学习了二维数组、对象数组、文件操作等概念，了解了自定义控件事件、递归算法和过程等知识。通过五子棋游戏学习了ListView控件、串口编程、网络编程、线程编程等概念，了解了穷举算法、算法复杂度等知识。

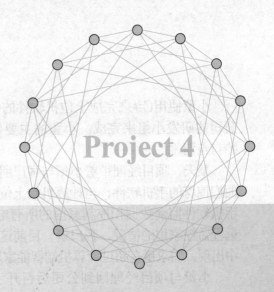

Project 4

项目**4**

开发移动应用程序

项目概述

随着信息时代的快速发展，开发基于智能手机和平板电脑等便携终端的应用程序越来越火，各种有趣的应用层出不穷，新奇创意不断，大量原来计算机互联网上的信息化应用、互联网应用均已出现在手机平台上，一些前所未见的新奇精彩应用，日渐成为整个IT产业的关注焦点。

移动应用开发不同于计算机应用开发，其开发难度比较大。首先是智能手机的操作系统比较多，目前主流的有Android、Windows Phone、iOS等，各平台开发的差异性也很大。其次是智能手机所涉及的硬件比较多，摄像头、GPS以及重力感应等各种传感器使用灵活而且复杂。再者移动开发技术层次普遍偏高，涉及的知识往往是综合性的，技术资料和经验相对缺乏。

目前Android系统已经成为全球应用最广泛的手机操作系统。Android是由Andy Rubin创立的一个手机操作系统，后来被Google收购，Google使其成为一个标准化、开放式的移动电话软件平台。

本项目将尝试开发几个Android小型应用程序，来体验移动开发的魅力。

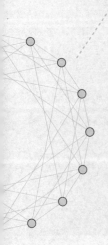

小董使用C#来完成上位机软件的技术攻关，接下来的开发由公司的研发小组来完成。小董的主要任务是培训和指导，工作开始有点清闲。

某天，项目经理带着小董与客户朋友应酬，朋友展示了一款让他们惊讶的手机软件，与计算机端上位机软件相似，完全可以通过手机软件监测数据和控制家里的所有电器，在Wi-fi环境下还可以远程监控家里的情况。客户说，目前这种应用在许多智能家居方案中出现，需求量有超过计算机端智能家居解决方案的趋势。

小董与项目经理回到公司后召开了紧急会议，大家一致认为移动应用是未来的发展趋势，智能家居必须充分利用移动应用的优势，使智能家居更加便民，可以随时随地监测和控制家居环境和家用电器。

项目经理将前期的技术研究任务给了小董，希望他能在最短的时间内打通Android移动应用程序的开发途径，熟悉开发环境，了解开发技术。

学习目标

知识目标

1）了解Android应用开发的基本流程。

2）了解Android应用程序结构。

3）了解Android程序语言。

4）掌握Android Studio开发环境的使用。

5）掌握Activity、Intent、ContentProvider、Service基本组件的使用。

6）熟悉Android程序调试工具DDMS和模拟器的使用。

7）熟悉Android应用清单文件AndroidManifest.xml的配置。

8）熟悉按钮、图片框、listView、MediaPlayer播放器等常用控件的使用。

技能目标

1）培养移动应用开发的基本能力。

2）培养知识迁移的能力。

情感目标

1）培养软件开发的成就感。

2）培养软件开发的兴趣。

任务1　　　**开发手机拍照程序**

任务描述

　　开发手机应用程序与开发Windows应用程序类似，首先需要安装相应的开发环境，了解开发环境的使用，掌握常用的开发工具，对于移动开发，特别是要了解开发的调试技术。为了初步体验开发手机应用程序的流程，本任务从开发一个手机拍照程序开始。

任务分析

　　开发手机拍照程序，需要使用手机的摄像头，然而手机应用软件访问硬件需要了解许多底层知识，本任务只为了解手机软件的开发流程和开发工具，故采用直接调用camera（相机）程序拍照，camera程序的调用由系统决定，如果系统中存在多个camera程序，则由用户选择。

任务实施

1. 创建Android项目

　　与C#开发应用程序相同，开发Android应用程序也需要首先创建Project（项目），下面从启动Android Studio开始，一步步来创新Android应用程序。

　　（1）启动Android开发环境Android Studio（简称AS）

　　在桌面上找到并双击如图4-1所示图标或者在Windows开始菜单中找到并单击如图4-2所示快捷图标。

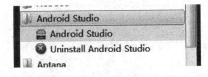

图4-1　Android Studio快捷方式图标　　　图4-2　开始菜单中的Android Studio图标

　　很快就会在屏幕上显示如图4-3所示的AS启动欢迎界面，之后就会打开如图4-4所示的Android Studio起始页。

温馨提示

　　Android Studio版本从0.1开始，至本书成稿时，已发展至1.0版，更新速度很快，大家可以去Android Studio的官方网站（http://developer.android.com/index.html）查询最新版本。Android Studio是多语言版本的一种开发工具，目前没有中文版，可以到Android Studio中文社区（http://www.android-studio.org/）查询相关中文资讯。

图4-3　Android Studio启动界面

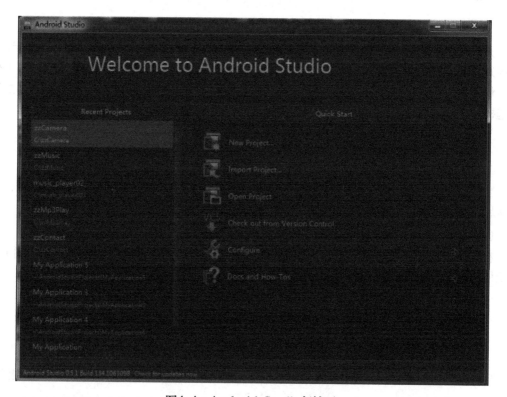

图4-4　Android Studio起始页

（2）创建新项目

鼠标单击起始页中的新建项目菜单"Start new Android Studio project"，将会弹出如图4-5所示的新建项目窗口。在新建项目窗口中给拍照应用程序取一个Aplication name（应用名）为myCamera，把Project location（项目路径）设置到一个方便管理的地方，其他均按默认设置，然后单击"Next"按钮。接着在对话框中选择最小SPK版本以及接受证书证明。

接着会下载和安装必需的组件，如图4-6所示。由于是联网更新，再加上网络不太稳定，有时需要多次尝试才能完成。

紧接着，根据向导的操作，均使用默认值来完成接下来的两个步骤，如图4-7、图4-8所示。

图4-5　新建Android Studio应用程序

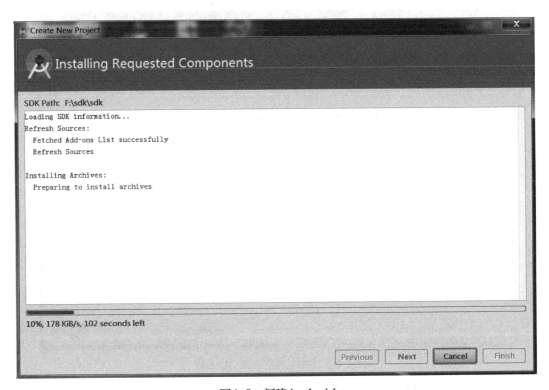

图4-6　新建Android

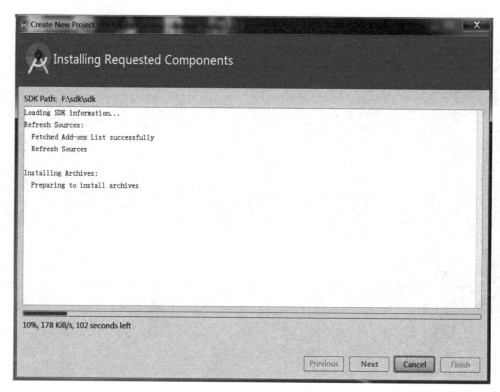

图4-7　创建一个空白Activity

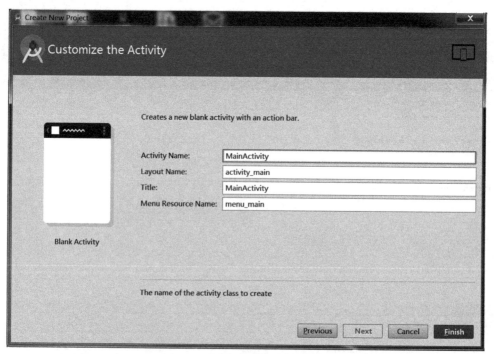

图4-8　使用默认的Activity名称

单击"finish"按钮，一切正常后就进入了如图4-9所示的编辑环境。

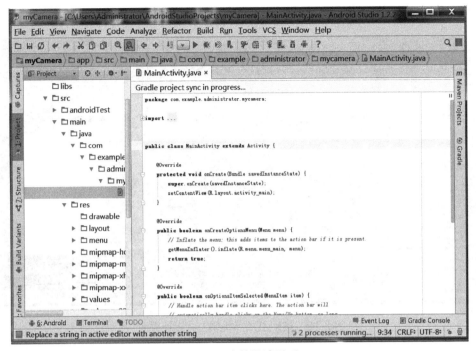

图4-9　窗体设计界面

这个界面大致由菜单、工具栏、项目管理区和代码编辑区等组成。

2. 设计Activity界面

Activity就相当于C#应用程序中的一个窗体，首先在项目目录树中找到Activity所在位置，如图4-10所示，双击activity_main.xml，这里的Activity文件其实就是一个标准的XML文件，如果您对XML比较熟悉的话，可以直接编辑其文本，也可以通过设计界面完成Activity设计，两种设计方式可以通过代码编辑窗下面的Design和Text两个按钮来切换，如图4-11所示。

图4-10　项目目录树

图4-11　编辑方式切换

如果是按编辑XML文本来设计界面，则右边会有界面的预览，如图4-12所示。

图4-12　按XML文本编辑方式设计界面

如果是按设计方式来编辑界面的话，则界面会切换成如图4-13所示的模式。

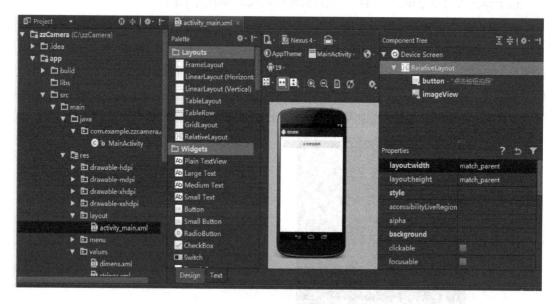

图4-13　按设计方式来设计的界面

初学者建议使用设计模式来开发Activity界面，等熟悉了之后再使用XML编辑文本方式来深入定制界面，当然也可以相互结合使用两种模式。

在这里，拖动一个Button到预览窗口的界面上，并设置text属性为"点击按钮拍照"，再拖一个ImageView控件到界面上，效果如图4-14所示。

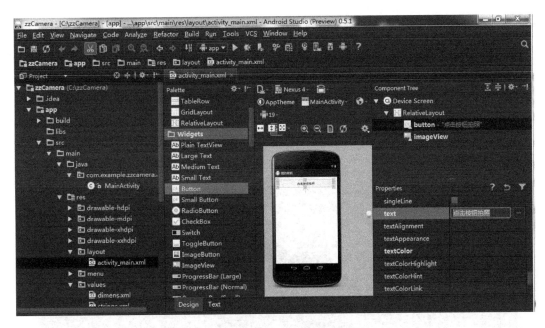

图4-14 第一个Activity界面设计

具体XML代码如下。

```
<RelativeLayout xmlns:android="http://schemas. android. com/apk/res/android"
    xmlns:tools="http://schemas. android. com/tools"
    android:layout_width="match_parent"
    android:layout_height="match_parent"
    android:paddingLeft="@dimen/activity_horizontal_margin"
    android:paddingRight="@dimen/activity_horizontal_margin"
    android:paddingTop="@dimen/activity_vertical_margin"
    android:paddingBottom="@dimen/activity_vertical_margin"
    tools:context="com. example. zzcamera. app. MainActivity">
<Button
    android:layout_width="fill_parent"
    android:layout_height="wrap_content"
    android:id="@+id/button"
    android:text="点击按钮拍照"/>
<ImageView
    android:layout_width="fill_parent"
    android:layout_height="wrap_content"
    android:id="@+id/imageView"
    android:layout_below="@+id/button"/>
</RelativeLayout>
```

3. 修改字符串

修改应用程序名的字符串为中文字符串，如图4-15所示，将app_name的值改为"我的相机"。

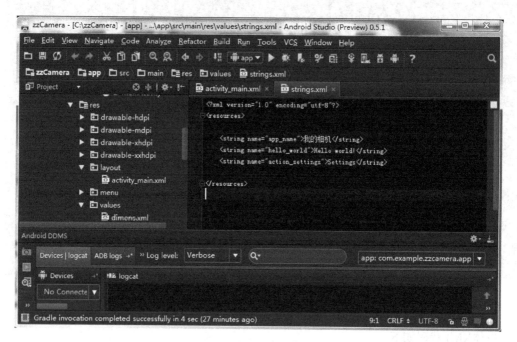

图4-15　修改app_name的值

4. 编写执行代码

Activity的执行代码需要写在Mainactivity.java中，完整代码如下。

```java
package com.example.zzcamera.app;
import android.content.Intent;
import android.graphics.Bitmap;
import android.graphics.BitmapFactory;
import android.net.Uri;
import android.provider.MediaStore;
import android.support.v7.app.ActionBarActivity;
import android.os.Bundle;
import android.view.Menu;
import android.view.MenuItem;
import android.view.View;
import android.widget.Button;
import android.widget.ImageView;
import java.io.File;
import java.text.SimpleDateFormat;
import java.util.Date;
public class MainActivity extends ActionBarActivity {
    private Button mButton;
    private ImageView mImageView;
    private File mPhotoFile;
    private String mPhotoPath;
    public final static int CAMERA_RESULT=8888;
    public final static String TAG="iot";
```

```
@Override
protected void onCreate(Bundle savedInstanceState) {
    super.onCreate(savedInstanceState);
    setContentView(R.layout.activity_main);
    mButton=(Button)findViewById(R.id.button);
    mButton.setOnClickListener(new ButtonOnClickListener());
    mImageView=(ImageView)findViewById(R.id.imageView);
}
private class ButtonOnClickListener implements View.OnClickListener{
    public void onClick(View v) {
        try {
            Intent intent = new
                        Intent("android.media.action.IMAGE_CAPTURE");
            mPhotoPath = "mnt/sdcard/" + getPhotoFileName();
            mPhotoFile = new File(mPhotoPath);
            if (!mPhotoFile.exists())
            {
                mPhotoFile.createNewFile();
            }
            intent.putExtra(MediaStore.EXTRA_OUTPUT,
                                Uri.fromFile(mPhotoFile));
            startActivityForResult(intent, CAMERA_RESULT);
        }catch (Exception e)
        {
            System.out.print(e.toString());
        }
    }
}

@Override
protected void onActivityResult(int requestCode, int resultCode, Intent data) {
    super.onActivityResult(requestCode, resultCode, data);
    if(requestCode==CAMERA_RESULT)
    {
        Bitmap bitmap= BitmapFactory.decodeFile(mPhotoPath, null);
        mImageView.setImageBitmap(bitmap);
    }
}
private String getPhotoFileName() {
    Date date=new Date(System.currentTimeMillis());
    SimpleDateFormat dateFormat=new
                        SimpleDateFormat("'IMG'_yyyyMMdd_HHmmss");
    return dateFormat.format(date)+".jpg";
}
@Override
public boolean onCreateOptionsMenu(Menu menu) {
    getMenuInflater().inflate(R.menu.main, menu);
    return true;
}
@Override
```

```
public boolean onOptionsItemSelected(MenuItem item) {
    int id = item.getItemId();
    if (id == R.id.action_settings) {
        return true;
    }
    return super.onOptionsItemSelected(item);
}
}
```

5. 配置AndroidManifest.xml

```xml
<?xml version="1.0" encoding="utf-8"?>
<manifest xmlns:android="http://schemas.android.com/apk/res/android"
    package="com.example.zzcamera.app">
<uses-sdk
        android:minSdkVersion="8"
        android:maxSdkVersion="10"/>
<uses-permission android:name="android.permission.CAMERA"/>
<uses-permission android:name="android.permission.INTERNET"/>
<uses-permission android:name="android.permission.ACCESS_NETWORK_STATE"/>
<uses-permission
        android:name="android.permission.WRITE_EXTERNAL_STORAGE"/>
<application
        android:allowBackup="true"
        android:icon="@drawable/ic_launcher"
        android:label="@string/app_name"
        android:theme="@style/AppTheme">
<activity
            android:name="com.example.zzcamera.app.MainActivity"
            android:label="@string/app_name">
<intent-filter>
<action android:name="android.intent.action.MAIN"/>
<category android:name="android.intent.category.LAUNCHER"/>
</intent-filter>
</activity>
</application>
</manifest>
```

6. 测试运行

由于Android应用程序只能运行在Android环境下，编写好的程序需要调试时，也需要将程序运行在Android环境中，为了调试方便，Android Studio开发环境提供了Android手机模拟器，下面通过模拟器来运行手机拍照程序。

（1）启动DDMS

Android Studio可以同时管理多个手机模拟器，这个管理工具就是DDMS，单击工具栏上如图4-16所示的按钮，即可启动DDMS，如图4-17所示。

图4-16　工具栏上的DDMS图标

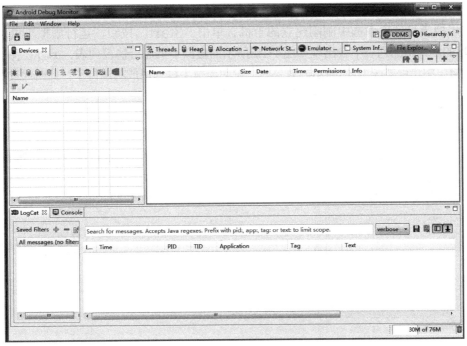

图4-17　DDMS调试管理器

（2）新建虚拟手机

在MMDS中创建虚拟手机，单击工具栏上如图4-18所示的按钮，启动Android Virtual Deviess Manager对话框，如图4-19所示。

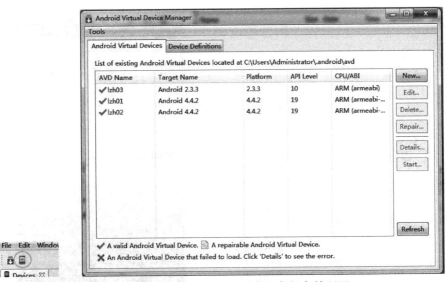

图4-18　创建虚拟手机图标　　　　图4-19　虚拟手机设备管理器

单击"New"按钮，新建一个AVD（虚拟手机），取一个手机名称，选择一个手机设备，指定目标操作系统，修改内存为768MB，SD卡设置20MB，如图4-20所示，在弹出的虚拟手机清单对话框中单击"OK"按钮。这样，就会在虚拟手机管理器中看到新建的虚拟手机了，如图4-21所示。

（3）启动虚拟手机

在虚拟手机列表中选中刚刚建立的手机，单击"Start"按钮，运行虚拟手机。此时MMDS的Devices列表中会出现如图4-22所示的虚拟手机运行情况列表，另外在弹出的虚拟手机窗口中出现如图4-23所示的效果时，说明虚拟手机已经成功运行了，此时通过鼠标操作手机，试着设置手机的语言为中文，方便后期操作。

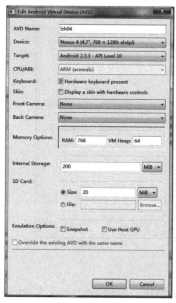

图4-20　虚拟手机参数配置

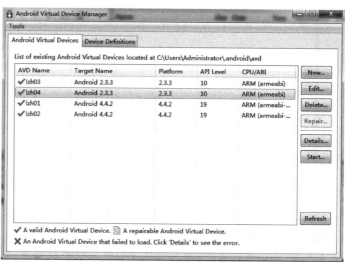

图4-21　新增虚拟手机后的效果

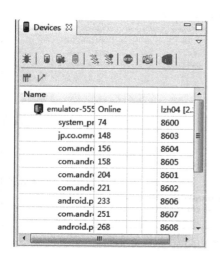

图4-22　虚拟手机运行状态列表窗口

图4-23　虚拟手机启动后界面

（4）运行程序

虚拟启动后，就可以运行程序了，在Android Studio编程环境中单击如图4-24所示的工具栏按钮，在弹出的选择设备中选中已经运行的虚拟机，如图4-25所示，这里只有唯一的虚拟机，直接单击"OK"按钮即可。

图4-24　运行手机应用工具图标　　　　图4-25　选择运行在某个虚拟机中

温馨提示

　　虚拟手机可以模拟屏幕大小、SDK版本、SD卡大小等，但运行速度比较慢，对一些传感器硬件，如重力感应、GPS等，无法模拟。在有条件的情况下，尽可能使用真机来调试，安装完成后的真机，也是通过DDMS来进行管理的。

（5）使用软件

　　如果程序代码均正确，则会在虚拟中出现如图4-26所示"我的相机"程序，单击"点击按钮拍照"，则可以使用虚拟机的模拟镜头拍照了，如图4-27所示。

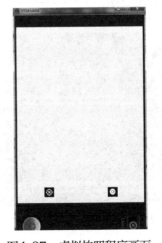

图4-26　"我的相机"运行后的效果　　　　图4-27　虚拟拍照程序画面

（6）调试信息

　　如果代码中有错误或异常，可以通过DDMS中的logcat来查看虚拟手机中输出的调试信息，如图4-28所示。

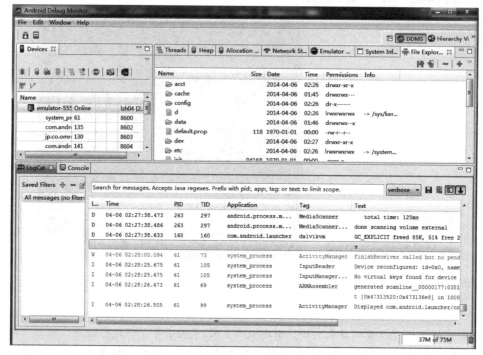

图4-28　logcat中的调试信息

7. 打包在apk

如果在虚拟手机中运行正常，可以将程序打包成APK文件，并安装到实体手机中。

首先单击Android Studio开发环境菜单的Build菜单下的"Generate Signed APK"命令，接着在生成向导中还需要生成一个Key store文件，如图4-29所示，然后就可以在项目所在目录的App目录下找到相应的APK文件，如图4-30所示，此APK就是平时常见的Android手机应用包，直接可以安装在物理手机中了，具体过程就不赘述了。

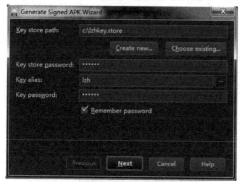

图4-29　Key store文件生成配置　　　　　图4-30　生成的手机应用包

必备知识

1. Android概述

2003年10月，Andy Rubin等人创建Android公司。2005年8月17日，Google

（谷歌）公司收购了Android及其团队。2007年11月5日，Google公司正式向外界展示了这款名为Android的操作系统。2008年9月发布了Android第一版，2013年11月发布Android 4.4。

Android系统的底层建立在Linux系统之上，从高层到低层分别是应用程序层、应用程序框架层、系统运行库层和Linux内核层，如图4-31所示。

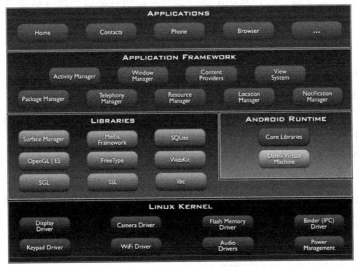

图4-31　Android系统框架图

（1）应用程序层

Android系统包含的系列核心应用程序和用户编写的Android应用程序。核心应用程序包括电子邮件客户端、SMS程序、日历、地图、浏览器、联系人等，用户编写的Android应用程序为第三方定制软件，为开发Android应用程序设计人员编写。

（2）应用程序框架

应用程序框架是为程序设计人员开发Android应用程序时提供的接口，其中有大量API可供开发者使用，包括核心应用程序所使用的API。

（3）系统运行库

Android包含一些C/C++库，这些库能被Android系统中不同的组件使用，开发人员不能直接调用这些库，但可以通过应用程序框架来调用这些库，核心的运行库主要有系统C库、媒体库、Surface Manager、LibWebCore、SQLite等。

（4）Linux内核

Android运行于Linux内核之上，Linux内核提供了安全管理、存储器管理、程序管理、网络堆栈、驱动程序模型等。

2. Android编程环境

Android应用程序开发需要编程环境，可以使用Android SDK来开发，具体的下载地址请浏览http://www.android.com网站，此环境基于Eclipse。

在Google公司2013年I/O大会上，Android Studio开发工具首次公布，主要解决了多分辨率的设计问题，本书使用的版本为0.46，还没有中文版。Android Studio是一个基于IntelliJIDEA的新的Android开发环境，基于Gradle构建方式，有丰富的布局编辑器，本书所采用的开发环境为Android Studio。

（1）JDK安装

下载和安装JDK。如果还没有JDK的话，可以到官网（http://developers.sum.com/downloads/）页面下载最新的JDK，根据安装提示一步步走就能完成安装。

接着需要配置环境变量，打开我的电脑→属性→高级→环境变量→系统变量中添加以下环境变量：

JAVA_HOME值为:安装JDK的目录，如作者的电脑的路径为：

C:\Program Files\Java\jdk1.7.0

CLASSPATH值为：

.;%JAVA_HOME%\lib\tools.jar;%JAVA_HOME%\lib\dt.jar;%JAVA_HOME%\bin;(注意前面的".;"要加上)

Path值追加：

.;%JAVA_HOME%\bin;%JAVA_HOME%\jre\bin;(注意前面的".;"要加上)

安装和配置正确后可以通过命令窗口来检查是否安装成功，在CMD窗口中输入Java -version 查看JDK的版本信息，如果出现"java version 1.7.0"等字样，说明正确。

（2）Android Studion安装

根据开发者的操作系统，访问以下网页：

http://developer.android.com/sdk/installing/studio.html

下载相应的Android Studio开发环境软件包，如果系统为Windows，将下载如图4-32所示的软件包，按照安装向导安装Android Studio即可，如图4-33所示。

图4-32 Android Studio开发包图标　　图4-33 Android Studio安装向导

（3）界面介绍

Android Studio编程环境复杂而灵活，比较常见的编写代码界面如图4-34所示。

如果打开布局界面，可以通过单击"Design"按钮切换到布局界面，如图4-35所示。

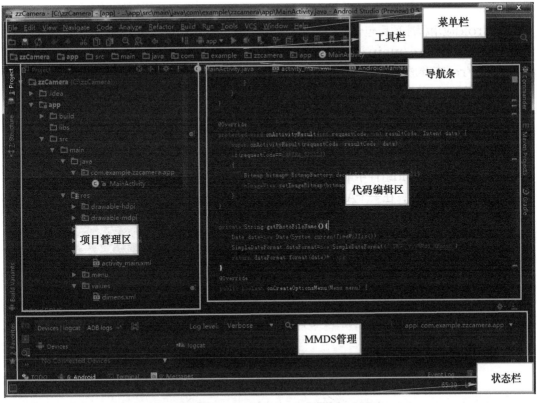

图4-34 Android Studio编程环境

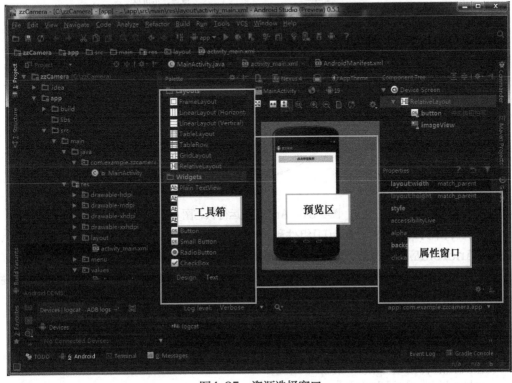

图4-35 资源选择窗口

3. Android应用结构分析

Android应用程序项目包含的结构比较复杂，但一般情况下，编写应用程序时只用到src文件夹下的文件，src/main/java下存放Activity代码文件，src/main/res下存放资源文件。在资源文件夹中，layout为Activity的布局文件，如图4-36所示。以drawabble开头的文件夹为不同分辨率的图片资源文件，values/String.xml为常见的字符串资源文件。

4. Activity和View

Activity是Android组件中最基本也是最为常见的组件，是负责与用户交互的组件，在一个Android应用中，一个Activity通常就是一个单独的屏幕，它上面可以显示一些控件也可以监听并处理用户的事件。总之，Activity类似于Windows中的窗体。

Activity有Active、Paused、Stoped和Killed 4种基本状态，分别表示Activity的运行、暂停、停止和终止状态，各状态会因为系统的运行发生转换，如图4-37所示。

图4-36　安装项目目录树结构

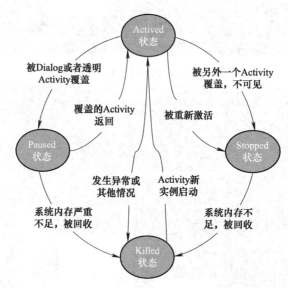

图4-37　Android运行状态图

Activity由UI组件组成，所有UI组件和容器控件都继承自View（视图组件）类，View组件就是Android应用中用户实实在在看到的部分，View类可以由XML布局和Java代码布局方式，一般代码使用XML布局，使界面与业务逻辑脱耦指将抽象同现实之间的强关联关系变为弱关联关系。

如下XML代码表示一个按钮。

```
<Button
    android:layout_width="fill_parent"
    android:layout_height="wrap_content"
    android:id="@+id/button"
```

android:text="点击按钮拍照"/>

也可以通过如下Java代码表示一个按钮。

```
Button button=new Button(this);
    button. setLayoutParams(new LayoutParams(
                50, android. view. ViewGroup. LayoutParams. WRAP_CONTENT));
    button. setText("点击按钮拍照");
```

如果需要通过某个Activity把指定View显示出来，调用Activity的setContentView()方法，语句如下。

```
setContentView(R. layout. activity_main);
```

这里的R是系统自动维护的一个关于资源集合的类，包含布局、字符串、图片等，R. layout. activity_main表示，资源集合中的布局文件夹的activity_main.xml文件。

5. Intent

Intent中文翻译为"意图"，是Activity调用另一个Activity或执行某个操作（如启动某个组件）的一个抽象描述，是应用程序组件之间通信的重要媒介，还可以把需要交换的数据封装成Bundle对象，让Intent携带Bundle对象，以实现两个Activity之间的数据交换。

如下代码为一个Activity调用另一个Activity。

```
public void openActivity(View V) {
    Intent intent = new Intent();
    intent. setClass(this, contactlistActivity. class);
    startActivity(intent);
}
```

也可以使用如下代码样式，调用系统的拍照动作（Action）。

```
Intent intent = new Intent("android. media. action. IMAGE_CAPTURE");
```

这里的android. media. action. IMAGE_CAPTURE为系统的一个标准拍照动作，具体实现由系统决定。

Android定义了许多类似的动作，一些常见的Action，见表4-1。

表4-1 常见Action列表

Action常量	对应字符串	含　义
MAIN_ACTION	Android. intent. action. MAIN	应用程序入口
DIAL _ACTION	Android. intent. action. DIAL	显示拨号面板
CALL_ACTION	Android. intent. action. CALL	直接向指定用户打电话
SEND_ACTION	Android. intent. action. SEND	向其他人发送数据
SENDTO_ACTION	Android. intent. action. SENDTO	向指定用户发送信息
ACTION_EDIT	android. intent. action. EDIT	访问已给的数据，提供明确的可编辑状态
ACTION_PICK	android. intent. action. PICK	从数据中选择一个子项目，并返回你所选中的项目
ACTION_CHOOSER	android. intent. action. CHOOSER	显示一个activity选择器，允许用户在进程之前选择
ACTION_GET_ CONTENT	android. intent. action. GET_CONTENT	允许用户选择特殊种类的数据，并返回（特殊种类的数据：照一张相片或录一段音）

（续）

Action常量	对应字符串	含　义
ACTION_ANSWER	android.intent.action.ANSWER	处理一个打进电话呼叫
ACTION_SEARCH	android.intent.action.SEARCH	执行一次搜索
ACTION_WEB_SEARCH	android.intent.action.WEB_SEARCH	执行一次web搜索
IMAGE_CAPTURE	android.media.action.IMAGE_CAPTURE	启动拍照程序
VIDEO_CAPTURE	android.media.action.VIDEO_CAPTURE	启动录像

任务拓展

在手机拍照任务的基础上，添加一个拍照后预览照片效果的功能，即拍照完成后，退出拍照程序时，在主窗口显示刚刚完成的照片效果。

任务描述

手机的最原始功能就是打电话，打电话就需要联系人，所以一般手机都会有联系人管理的功能，也就是通常说的通讯录。Android系统也有非常完善的通讯录，可以管理联系人及通话记录。本任务就是开发一个最简单的通讯录，仅列出系统中的联系人列表。

任务分析

手机联系人是由Android系统管理的，存放在SQLite数据库中，内部数据关系如图4-38所示，一个联系人（Contact）可以有多个账户（RawContact）信息，一个账户信息又可以有多种类型的信息（Data），如E-mail、address、Phone等。本任务为了简便展示功能，是使用联系人数据库中的Contact信息和相对应的Phone信息。

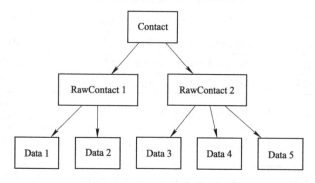

图4-38　SQLite内部关系结构图

手机通讯录的联系人的列表采用listView组件来展示，而数据可以通过系统提供的联系人内容提供者提供的接口来读取。

任务实施

1. 新建项目

启动Android Studio，新建项目，项目名为zzContact。

2. 导入封面图片

从Windows资源管理器中拖动封面图片到Android Studio开发环境的项目管理区中的src/main/res/drawable-hdpi文件夹中，如图4-39所示。

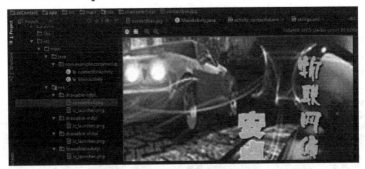

图4-39　添加封面图片到项目中

3. 编辑主窗体布局

在项目管理区中双击activity_main.xml文件，切换到Design布局设计界面，添加一个ImageView元素和两个Button元素，XML代码如下。

```
<RelativeLayout xmlns:android=" http://schemas. android. com/apk/res/android"
    xmlns:tools=" http://schemas. android. com/tools"
    android:layout_width=" match_parent"
    android:layout_height=" match_parent"
    android:paddingLeft=" 0dp"
    android:paddingRight=" 0dp"
    android:paddingTop=" 0dp"
    android:paddingBottom=" 0dp"
    tools:context=" com. example. zzcontact. app. MainActivity"
    style=" @style/AppTheme" >
<ImageView
        android:layout_width=" fill_parent"
        android:layout_height=" fill_parent"
        android:id=" @+id/imageView"
        android:layout_centerVertical=" true"
        android:src=" @drawable/contactbak"
        android:scaleType=" centerCrop"
        android:contentDescription=" "
        android:layout_gravity=" left"   />
<Button
        android:layout_width=" wrap_content"
        android:layout_height=" wrap_content"
        android:text=" 查看通讯录"
        android:id=" @+id/button"
        android:onClick=" openActivity"
        android:layout_above=" @+id/button2"
        android:layout_alignParentRight=" true"
```

```
        android:layout_alignParentEnd=" true"  />
<Button
        android:layout_width=" wrap_content"
        android:layout_height=" wrap_content"
        android:text=" 退出
        android:id=" @+id/button2"
        android:onClick=" closeApp"
        android:layout_alignParentBottom=" true"
        android:layout_alignParentRight=" true"
        android:layout_alignParentEnd=" true"
        android:layout_alignLeft=" @+id/button"
        android:layout_alignStart=" @+id/button"  />
</RelativeLayout>
```

效果如图4-40所示。

图4-40　手机通讯录封面设计效果

4. 添加新的Activity

添加新的Activity，取名为activity_contactlist.xml，并在布局中添加两个按钮元素和一个listView元素，具体XML代码如下。

```
<RelativeLayout xmlns:android=" http://schemas. android. com/apk/res/android"
    xmlns:tools=" http://schemas. android. com/tools"
    android:layout_width=" match_parent"
    android:layout_height=" match_parent"
    android:paddingLeft=" @dimen/activity_horizontal_margin"
    android:paddingRight=" @dimen/activity_horizontal_margin"
    android:paddingTop=" @dimen/activity_vertical_margin"
    android:paddingBottom=" @dimen/activity_vertical_margin"
    tools:context=" com. example. zzcontact. app. contactlistActivity" >
<LinearLayout
        android:orientation=" vertical"
        android:layout_width=" fill_parent"
        android:layout_height=" fill_parent"
        android:layout_alignParentBottom=" true"
        android:layout_alignParentLeft=" true"
```

```
                android:layout_alignParentStart="true"
                android:weightSum="1"
                android:id="@+id/linearLayout">
<LinearLayout
                android:orientation="horizontal"
                android:layout_width="match_parent"
                android:layout_height="wrap_content">
<Button
                android:layout_width="wrap_content"
                android:layout_height="wrap_content"
                android:text="查看联系人"
                android:id="@+id/button" />
<Button
                android:layout_width="wrap_content"
                android:layout_height="wrap_content"
                android:text="返回主界面"
                android:id="@+id/button3"
                android:onClick="returnmain" />
</LinearLayout>
<FrameLayout
                android:layout_width="match_parent"
                android:layout_height="wrap_content"
                android:layout_weight="1.03">
<ListView
                android:layout_width="wrap_content"
                android:layout_height="wrap_content"
                android:id="@+id/listView"
                android:layout_gravity="left|top" />
</FrameLayout>
</LinearLayout>
</RelativeLayout>
```

效果如图4-41所示。

图4-41　通讯录列表设计效果

5. 编写MainActivity代码

主Activity代码如下。

```java
package com.example.zzcontact.app;
import android.content.Intent;
import android.support.v7.app.ActionBarActivity;
import android.os.Bundle;
import android.view.Menu;
import android.view.MenuItem;
import android.view.View;
public class MainActivity extends ActionBarActivity {
    @Override
    protected void onCreate(Bundle savedInstanceState) {
        super.onCreate(savedInstanceState);
        setContentView(R.layout.activity_main);
    }
    public void openActivity(View V) {
        Intent intent = new Intent();
        intent.setClass(this, contactlistActivity.class);
        startActivity(intent);
    }
    public void closeApp(View V) {
        System.exit(0);
    }
    @Override
    public boolean onCreateOptionsMenu(Menu menu) {
        getMenuInflater().inflate(R.menu.main, menu);
        return true;
    }
    @Override
    public boolean onOptionsItemSelected(MenuItem item) {
        int id = item.getItemId();
        if (id == R.id.action_settings) {
            return true;
        }
        return super.onOptionsItemSelected(item);
    }
}
```

6. 添加contactlistActivity代码

具体代码如下。

```java
package com.example.zzcontact.app;
import android.content.ContentResolver;
import android.database.Cursor;
import android.net.Uri;
import android.provider.ContactsContract;
import android.support.v7.app.ActionBarActivity;
import android.os.Bundle;
import android.view.Menu;
import android.view.MenuItem;
```

```java
import android. view. View;
import android. widget. ArrayAdapter;
import android. widget. ListView;
import java. util. ArrayList;
public class contactlistActivity extends ActionBarActivity {
    private ListView listview;
    private ArrayList<String> datalist=new ArrayList<String> ();
    @Override
    protected void onCreate(Bundle savedInstanceState) {
        super. onCreate (savedInstanceState);
        setContentView (R. layout. activity_contactlist);
        Uri uri = Uri. parse ("content://com. android. contacts/contacts");
                    //使用ContentResolver 操作Uri
        ContentResolver resolver = getContentResolver ();
        Cursor cursor = resolver. query (uri, new String []
                    {ContactsContract. RawContacts. Data. _ID}, null, null, null);
        while (cursor. moveToNext ()) {
            int id = cursor. getInt (cursor. getColumnIndex ("_id"));
            Uri dataUri = Uri. parse ("
                    content://com. android. contacts/contacts/" +id+" /data");
            Cursor dataCursor = resolver. query (dataUri,  null, null, null,  null);
            String name="", phone="";
            while (dataCursor. moveToNext ()) {
                String datanum =
                    dataCursor. getString (dataCursor. getColumnIndex ("data1"));
                String type =
                    dataCursor. getString (dataCursor. getColumnIndex ("mimetype"));
                if ("vnd. android. cursor. item/name". equals (type)) {
                    System. out. println ("联系人为"+datanum);
                    name="姓名:"+datanum;
                }else  if ("vnd. android. cursor. item/phone_v2". equals (type)) {
                    System. out. println ("电话号码是"+datanum);
                    phone=" ->电话:"+datanum;
                }
            }
            if (!name. equals ("")) {
                datalist. add (name);
                datalist. add (phone);
            }
            dataCursor. close ();
        }
        cursor. close ();
        listview= (ListView) this. findViewById (R. id. listView);
        listview. setAdapter (new ArrayAdapter<String> (this,
                    android. R. layout. simple_expandable_list_item_1, this. datalist));
    }
    public void returnmain (View v) {
        this. finish ();
    }
    @Override
    public boolean onCreateOptionsMenu (Menu menu) {
        getMenuInflater (). inflate (R. menu. contactlist,  menu);
```

```
            return true;
        }
        @Override
        public boolean onOptionsItemSelected(MenuItem item) {
            int id = item.getItemId();
            if (id == R.id.action_settings) {
                return true;
            }
            return super.onOptionsItemSelected(item);
        }
}
```

7. 修改字符串

双击strings.xml,修改相应字符串，具体代码如下。

```xml
<?xml version="1.0" encoding="utf-8"?>
<resources>
<string name="app_name">我的手机通讯录</string>
<string name="hello_world">Hello world!</string>
<string name="action_settings">Settings</string>
<string name="title_activity_contactlist">通讯录列表</string>
</resources>
```

8. 修改AndroidManifest.xml文件

双击AndroidManifest.xml文件，修改代码如下：

```xml
<?xml version="1.0" encoding="utf-8"?>
<manifest xmlns:android="http://schemas.android.com/apk/res/android"
    package="com.example.zzcontact.app" >
<application
        android:allowBackup="true"
        android:icon="@drawable/ic_launcher"
        android:label="@string/app_name"
        android:theme="@style/AppTheme" >
<activity
            android:name="com.example.zzcontact.app.MainActivity"
            android:label="@string/app_name" >
<intent-filter>
<action android:name="android.intent.action.MAIN" />
<category android:name="android.intent.category.LAUNCHER" />
</intent-filter>
</activity>
<activity
            android:name="com.example.zzcontact.app.contactlistActivity"
            android:label="@string/title_activity_contactlist" >
</activity>
</application>
<uses-permission android:name="android.permission.READ_CONTACTS" />
</manifest>
```

9. 测试运行

打开模拟器，通过通讯录应用在虚拟手机中添加一些联系人信息，启动APP，效果如图

4-42所示。

单击"查看通讯录"按钮，将弹出通讯录Activity，再单击"查看联系人"按钮，效果如图4-43所示。

图4-42　通讯录运行后的封面效果　　　　图4-43　通讯录运行后的列表效果

必备知识

1. 图片框组件（ImageView）

ImageView用来显示任意图像图片，可以自己定义显示尺寸，显示颜色等，最主要的属性就是src属性，用来指定显示的图片路径或者颜色，选择的图片可以是系统内置的图片或者事先导入到工程的res中的图片，如图4-44所示，颜色可以选择自定义的任意RGB值，也可以是系统定义的预设值。

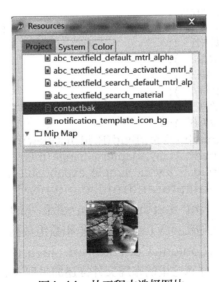

图4-44　从工程中选择图片

ImageView的ScaleType属性也很重要，用来指定显示图片的方式，具体含义见表4-2。

项目
1

项目
2

项目
3

项目
4

附录

参考文献

表4-2　ImageView的ScaleType属性列表

ScaleType值	含　义
ScaleType. CENTER	图片大小为原始大小，如果图片大小大于ImageView控件，则截取图片中间部分，若小于，则直接将图片居中显示
ScaleType. CENTER_CROP	将图片等比例缩放，让图像的短边与ImageView的边长度相同，即不能留有空白，缩放后截取中间部分进行显示
ScaleType. CENTER_INSIDE	将图片大小大于ImageView的图片进行等比例缩小，直到整幅图能够居中显示在ImageView中，小于ImageView的图片不变，直接居中显示
ScaleType. FIT_CENTER	ImageView的默认状态，大图等比例缩小，使整幅图能够居中显示在ImageView中，小图等比例放大，同样要整体居中显示在ImageView中
ScaleType. FIT_END	缩放方式同FIT_CENTER，只是将图片显示在右方或下方，而不是居中
ScaleType. FIT_START	缩放方式同FIT_CENTER，只是将图片显示在左方或上方，而不是居中
ScaleType. FIT_XY	将图片非等比例缩放到大小与ImageView相同
ScaleType. MATRIX	是根据一个3×3的矩阵对其中图片进行缩放

2. 列表组件（ListView）

ListView组件在Android应用程序中被大量使用，但使用ListView步骤有点繁锁，显示列表需要3个元素。

- ListView：用来展示列表的View。
- 适配器：用来把数据映射到ListView上。
- 数据：具体的将被映射的字符串、图片或者基本组件。

这里的适配器是数据到ListView的一个中介，分为ArrayAdapter，SimpleAdapter和SimpleCursorAdapter 3种类型，其中以ArrayAdapter最为简单，只能展示一行字。SimpleAdapter有最好的扩充性，可以自定义出各种效果。SimpleCursorAdapter可以认为是SimpleAdapter对数据库的简单结合，可以方便地把数据库的内容以列表的形式展示出来。

下面的代码表示将ArrayList类型的数据绑定到ListView中。

```
private ListView listview;
private ArrayList<String> datalist=new ArrayList<String>();
datalist. add（"测试数据1"）;
datalist. add（"测试数据2"）;
datalist. add（"测试数据3"）;
datalist. add（"测试数据4"）;
datalist. add（"测试数据5"）;
datalist. add（"测试数据6"）;
listview= (ListView) this. findViewById (R. id. listView);
listview. setAdapter(new ArrayAdapter<String>(this,
        android. R. layout. simple_expandable_list_item_1, this. datalist));
```

上面代码使用了ArrayAdapterandroid. content. Context，int，java. util. List<T>(Context context，int textViewResourceId，List<T> objects)来装配数据，要装配这些数据就需要一个连接ListView视图对象和数组数据的适配器来做两者的适配工作，ArrayAdapterandroid. content. Context，int，java. util. List<T>的构造需要3个参数，依次为this，布局文件（注意这里的布局文件描述的是列表的每一行的布局，android. R. layout. simple_list_item_1是系统定义好的布局文件只显示一行文字、数据源（一个List集合）。同时用setAdapter（）完成适配的最后工作，运行后的效果如图4-45所示。

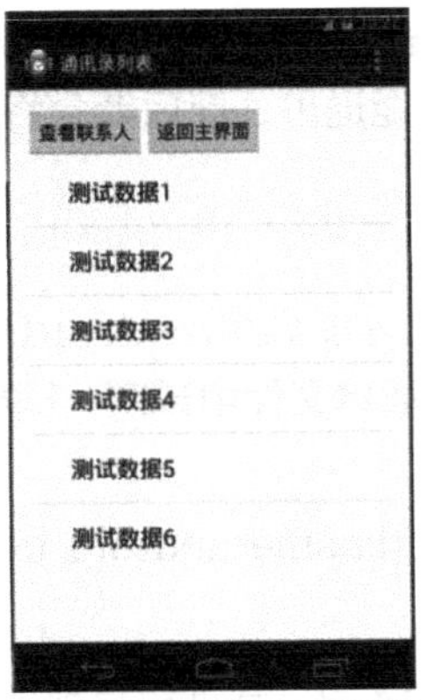

图4-45　通讯录运行后的列表效果

3. Content Provider

在Android系统中，应用程序之间的数据是不能直接相互访问的，除了SD卡中的数据，每一个应用程序都有自己的数据库、私有文件等内容，为了应用程序间能够相互交流数据，Android提供了一个Content Provider类，应用程序可以通过这个类对外提供数据或向其他应用程序访问数据。每个Content Provide都用一个uri作为独立标识，例如，content://com. wzzj. www。

下边列举一些比较常见的接口，这些接口如下所示。

1）通过Uri进行查询，返回一个Cursor：

query（Uri uri, String[] projection, String selection,
　　　　String[] selectionArgs,String sortOrder）

2）将一组数据插入到Uri 指定的地方：

insert（Uri url, ContentValues values）

3）更新Uri指定位置的数据：

update（Uri uri, ContentValues values, String where, String[] selectionArgs）

4）删除指定Uri并且符合一定条件的数据。

delete（Uri url, String where, String[] selectionArgs）

外部程序可以通过ContentResolver接口访问某个ContentProvider提供的数据。在Activity当中通过getContentResolver()可以得到当前应用的 ContentResolver实例。ContentResolver提供的接口和ContentProvider中需要实现的接口对应，同样的有query()、insert()、update()和delete()等函数。

如果要访问通讯录的数据库，可以使用如下语句段。

　　Uri uri = Uri. parse（"content://com. android. contacts/contacts"）；
　　//使用ContentResolver 操作Uri
　　ContentResolver resolver = getContentResolver()；
　　Cursor cursor = resolver. query
　　(uri, new String[] {ContactsContract. RawContacts. Data. _ID}, null, null, null);
这里的cursor将获取通讯录中所有的id集合。

4. Service

Service是一种程序，它可以运行很长时间，但却没有界面，只能在后台运行，一般用于一些服务性的工作，如在后台记录用户地理信息的改变或者检测SD卡上文件的变化等。

Service有两种开启方式，分别是Context. startService ()和Context. bindService ()。前者比较独立，需要主动将其停止才能退出，而后者会将调用者和Service绑定在一起，调用者退出，Service会自然退出。

5. 应用权限

一个Android应用可能需要权限才能调用Android系统的功能，权限的声明是显式的，必须在AndroidManifest. xml应用清单文件中说明，比如下面的语句是声明该应用本身需要打电话的权限。

<uses-permission android:name=android. permission. CALL_PHONE" />

一些常用的权限见表4-3。

表4-3　常见权限列表

属　　性	说　　明
android. permission. ACCESS_FINE_LOCATION	通过GPS芯片接收卫星的定位信息，定位精度达10m以内
android. permission. ACCESS_NETWORK_STATE	获取网络信息状态，如当前的网络连接是否有效
android. permission. ACCESS_SURFACE_FLINGER	Android平台上底层的图形显示支持，一般用于游戏或照相机预览界面和底层模式的屏幕截图
android. permission. ACCESS_WIFI_STATE	允许程序访问Wi-Fi网络状态信息
android. permission. ADD_SYSTEM_SERVICE	允许程序发布系统级服务
android. permission. BATTERY_STATS	允许程序更新手机电池统计信息
android. permission. BLUETOOTH	允许程序连接到已配对的蓝牙设备
android. permission. BLUETOOTH_ADMIN	允许程序发现和配对蓝牙设备
android. permission. BRICK	能够禁用手机，非常危险，顾名思义就是让手机变成砖头
android. permission. BROADCAST_PACKAGE_REMOVED	允许程序广播一个提示消息在一个应用程序包已经移除后
android. permission. BROADCAST_STICKY	允许一个程序广播常用intents
android. permission. CALL_PHONE	允许一个程序初始化一个电话拨号不需通过拨号，用户界面需要用户确认
android. permission. CALL_PRIVILEGED	允许一个程序拨打任何号码，包含紧急号码无需通过，拨号用户界面需要用户确认
android. permission. CAMERA	请求访问使用照相设备
android. permission. CHANGE_COMPONENT_ENABLED_STATE	改变组件是否启用状态
android. permission. DELETE_PACKAGES	允许程序删除应用
android. permission. DEVICE_POWER	允许访问底层电源管理
android. permission. FLASHLIGHT	访问闪光灯，Android开发网提示HTC Dream不包含闪光灯
android. permission. GLOBAL_SEARCH	允许程序使用全局搜索功能
android. permission. HARDWARE_TEST	访问硬件辅助设备，用于硬件测试
android. permission. INJECT_EVENTS	允许一个程序截获用户事件如按键、触 摸、轨迹球等到一个时间流
android. permission. INSTALL_LOCATION_PROVIDER	安装定位提供

（续）

属　　性	说　　明
android. permission. INSTALL_PACKAGES	允许程序安装应用
android. permission. INTERNET	访问网络连接，可能产生GPRS流量
android. permission. MOUNT_FORMAT_FILESYSTEMS	格式化可移动文件系统，比如格式化清空SD卡
android. permission. MOUNT_UNMOUNT_FILESYSTEMS	挂载、反挂载外部文件系统
android. permission. PROCESS_OUTGOING_CALLS	允许程序监视，修改或放弃播出电话
android. permission. READ_CALENDAR	允许程序读取用户的日程信息
android. permission. READ_CONTACTS	允许应用访问联系人通讯录信息
android. permission. READ_FRAME_BUFFER	读取帧缓存用于屏幕截图
android. permission. READ_INPUT_STATE	读取当前键的输入状态，仅用于系统
android. permission. READ_LOGS	允许程序读取底层系统日志文件
android. permission. READ_PHONE_STATE	访问电话状态
android. permission. READ_OWNER_DATA	允许程序读取所有者数据
android. permission. READ_SMS	允许程序读取短信息
android. permission. REBOOT	允许程序重新启动设备
android. permission. RECEIVE_BOOT_COMPLETED	允许程序开机自动运行
android. permission. RECEIVE_MMS	接收彩信
android. permission. RECEIVE_SMS	接收短信
android. permission. RECORD_AUDIO	录制声音通过手机或耳机的麦克
android. permission. SEND_SMS	发送短信
com. android. alarm. permission. SET_ALARM	设置闹铃提醒
android. permission. SET_ALWAYS_FINISH	设置程序在后台是否总是退出
android. permission. SET_ANIMATION_SCALE	设置全局动画缩放
android. permission. SET_TIME	设置系统时间
android. permission. SET_TIME_ZONE	设置系统时区
android. permission. SET_WALLPAPER	允许程序设置壁纸
android. permission. VIBRATE	允许振动
android. permission. WAKE_LOCK	允许程序在手机屏幕关闭后，后台进程仍然运行
android. permission. WRITE_APN_SETTINGS	写入网络GPRS接入点设置
android. permission. WRITE_CALENDAR	写入日程，但不可读取
android. permission. WRITE_CONTACTS	写入联系人，但不可读取
android. permission. WRITE_EXTERNAL_STORAGE	允许程序写入外部存储，如SD卡上写文件
android. permission. WRITE_GSERVICES	允许程序写入Google Map服务数据
android. permission. WRITE_SECURE_SETTINGS	允许程序读写系统安全敏感的设置项
android. permission. WRITE_OWNER_DATA	允许一个程序写入但不读取所有者数据
android. permission. WRITE_SETTINGS	允许程序读取或写入系统设置
android. permission. WRITE_SMS	允许程序写短信
android. permission. WRITE_SYNC_SETTINGS	允许程序写入同步设置

项目1　项目2　项目3　项目4　附录　参考文献

任务拓展

修改手机通讯录，增强手机信息内容，如地址等，增设按钮实现排序功能，为通讯录增加"添加新记录"功能，可以录入新的通讯记录。

项目拓展　　开发音乐播放器

任务描述

现代智能手机的功能基本上能赶上计算机的所有功能，甚至已经超越了作为娱乐功能的音乐播放器，而且是手机最基本的功能。本任务就开发一个简易的MP3播放器，具有播放、暂停、关闭等功能，能播放SD卡上的MP3文件。

任务分析

播放音乐甚至视频，可以采用MediaPlayer组件来完成，利用MediaPlayer组件开放的API可以快速开发播放MP3的各项功能，如打开、播放、关闭等。另外MP3音乐文件需要存放在SD卡的指定位置，如果是模拟器，需要给模拟器加入SD卡并将MP3文件复制至指定目录。

任务实施

1. 新建项目

启动Android Studio，新建项目，项目名为zzMusic。

2. 修改Activity

双击打开Activity布局文件res/layout/activity_main. xml，修改布局代码如下。

```
<LinearLayout xmlns:android=" http://schemas. android. com/apk/res/android"
        android:orientation=" vertical"
        android:layout_width=" fill_parent"
        android:layout_height=" fill_parent" >
<TextView
        android:text=" @string/filename"
        android:layout_width=" fill_parent"
        android:layout_height=" wrap_content"  />
<EditText
        android:layout_width=" fill_parent"
        android:layout_height=" wrap_content"
        android:text=" jzl. mp3"
        android:id=" @+id/filename"  />
<LinearLayout
        android:layout_width=" fill_parent"
        android:layout_height=" wrap_content"
        android:orientation=" horizontal" >
```

```
<Button
        android:layout_width=" wrap_content"
        android:layout_height=" wrap_content"
        android:text=" @string/playbutton"
        android:id=" @+id/playbutton"
        android:onClick=" mediaplay" />
<Button
        android:layout_width=" wrap_content"
        android:layout_height=" wrap_content"
        android:text=" @string/pausebutton"
        android:id=" @+id/pausebutton"
        android:onClick=" mediaplay" />
<Button
        android:layout_width=" wrap_content"
        android:layout_height=" wrap_content"
        android:text=" @string/resetbutton"
        android:id=" @+id/resetbutton"
        android:onClick=" mediaplay" />
<Button
        android:layout_width=" wrap_content"
        android:layout_height=" wrap_content"
        android:text=" @string/stopbutton"
        android:id=" @+id/stopbutton"
        android:onClick=" mediaplay" />
</LinearLayout>
</LinearLayout>
```

布局效果如图4-46所示。

图4-46　音乐播放器效果

3. 修改字符串

双击打开res/values/strings.xml字符串配置文件，代码修改为如下内容。

项目1　项目2　项目3　项目4　附录　参考文献

```xml
<?xml version="1.0" encoding="utf-8"?>
<resources>
<string name="app_name">音乐播放器</string>
<string name="hello_world">Hello world!</string>
<string name="filename">音乐文件名称</string>
<string name="playbutton">播放</string>
<string name="pausebutton">暂停</string>
<string name="continuebutton">继续</string>
<string name="resetbutton">重播</string>
<string name="stopbutton">停止</string>
<string name="filenoexist">文件没有发现</string>
<string name="action_settings">不清楚</string>
</resources>
```

4. 修改MainActivity.java

修改主Activity代码，代码内容如下。

```java
package com.example.zzmusic.app;
import android.media.MediaPlayer;
import android.os.Environment;
import android.support.v7.app.ActionBarActivity;
import android.os.Bundle;
import android.view.Menu;
import android.view.MenuItem;
import android.view.View;
import android.widget.Button;
import android.widget.EditText;
import android.widget.Toast;
import java.io.File;
import java.io.IOException;
import java.util.EventListener;
public class MainActivity extends ActionBarActivity {
    private EditText nameText;
    private String path;
    private MediaPlayer mediaPlayer;
    private boolean pause;
    @Override
    protected void onCreate(Bundle savedInstanceState) {
        super.onCreate(savedInstanceState);
        setContentView(R.layout.activity_main);
        mediaPlayer=new MediaPlayer();
        nameText=(EditText)this.findViewById(R.id.filename);
    }
    public void mediaplay(View v) throws IOException {
        switch(v.getId()) {
            case R.id.playbutton:
                String filename = nameText.getText().toString();
                File audio=new File(
                        Environment.getExternalStorageDirectory(), filename);
                if(audio.exists()) {
                    path=audio.getAbsolutePath();
```

```
                play();
            }else{
                path=null;
                Toast.makeText(getApplication(),
                            R.string.filenoexist, 1).show();
            }
            break;
        case R.id.pausebutton:
            if(mediaPlayer.isPlaying())
            {
                mediaPlayer.pause();
                pause=true;
                ((Button)v).setText((R.string.continuebutton));
            }else {
                if (pause) {
                    mediaPlayer.start();//继续播放
                    pause = false;
                    ((Button) v).setText((R.string.pausebutton));
                }
            }
            break;
            case R.id.resetbutton:
                if(mediaPlayer.isPlaying()) {
                    mediaPlayer.seekTo(0);//重新播放
                }else
                {
                    if(pause!=false)
                            play();
                }
                break;
        case R.id.stopbutton:
            if(mediaPlayer.isPlaying())
                mediaPlayer.stop();
    }
}
public void play() throws IOException {
    mediaPlayer.reset();//把各项参数初始化为最初状态
    mediaPlayer.setDataSource(path);
    mediaPlayer.prepare();//进行缓冲
    mediaPlayer.setOnPreparedListener(new PrepareListener());

}
private final class PrepareListener
                            implements MediaPlayer.OnPreparedListener{
    public void onPrepared(MediaPlayer mp)
    {
        mediaPlayer.start();//开始播放
    }
}
```

```java
@Override
public boolean onCreateOptionsMenu(Menu menu) {
    getMenuInflater().inflate(R.menu.main, menu);
    return true;
}
@Override
public boolean onOptionsItemSelected(MenuItem item) {
    int id = item.getItemId();
    if (id == R.id.action_settings) {
        return true;
    }
    return super.onOptionsItemSelected(item);
}
@Override
public void onDestroy() {
    mediaPlayer.release();
    mediaPlayer=null;
    super.onDestroy();
}
}
```

5. 修改AndroidManifest.xml文件

修改清单文件，具体代码如下。

```xml
<?xml version="1.0" encoding="utf-8"?>
<manifest xmlns:android="http://schemas.android.com/apk/res/android"
    package="com.example.zzmusic.app">
<application
        android:allowBackup="true"
        android:icon="@drawable/ic_launcher"
        android:label="@string/app_name"
        android:theme="@style/AppTheme">
<activity
            android:name="com.example.zzmusic.app.MainActivity"
            android:label="@string/app_name">
<intent-filter>
<action android:name="android.intent.action.MAIN" />
<category android:name="android.intent.category.LAUNCHER" />
</intent-filter>
</activity>
</application>
<uses-permission android:name="android.permission.MOUNT_UNMOUNT_FILESYSTEMS"></uses-permission>
<uses-permission android:name="android.permission.WRITE_EXTERNAL_STORAGE" />
</manifest>
```

6. 测试运行

打开模拟器，启动虚拟机，使用DDMS给虚拟机添加MP3文件，添加到mnt/sdcard下面，文件名为jzl.mp3，如图4-47所示。

启动音乐播放器App，点击播放，可以听到音乐，其他按钮功能逐个尝试，如图4-48所示。

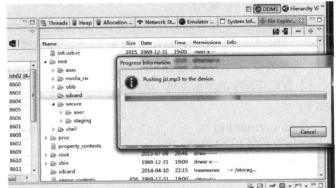

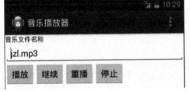

图4-47 给虚拟机添加MP3文件　　　　　图4-48 音乐播放器运行效果

必备知识

1. Toast

Toast是Android提供的消息提示方式，用来向用户呈现少量的信息提示，它有两个特点，一是提示信息不会获得焦点，二是提示信息过一段时间后会自动消失。以下语句会生成一个Toast提示信息。

Toast.makeText(getApplication()，"这是提示的内容"，LENGTH_SHORT).show()；

其显示效果如图4-49所示。

图4-49 Toast提交信息

Toast的makeText语法格式为：

makeText(Context context, int resId, int duration)

其中，context是toast显示在哪个上下文，通常是当前Activity；resId指显示内容引用Resource哪条数据，就是从R类中去指定显示的消息内容；duration指定显示时间，Toast默认有LENGTH_SHORT和LENGTH_LONG两个常量，分别表示短时间显示和长时间显示。

2. 读写SD卡中的文件

Android提供了完善的文件存储功能，可以使用Java标准的IO流体系来访问磁盘上的文件内容，包括FileInputStream和FileOutputStream等，但这种IO操作访问的是手机内部存储器，如果需要访问外部存储器SD卡上的内容，则需要按如下步骤进行。

1）在应用程序的清单文件（AndroidManifest.xml）中添加读写SD卡的权限，配置代码如下：

```
<uses-permission                                   android:name="android.permission.MOUNT_
UNMOUNT_FILESYSTEMS">
    </uses-permission>
<uses-permission android:name="android.permission.WRITE_EXTERNAL_
STORAGE" />
```

2）调用Environment的getExternalStorageState()方法判断手机上是否插入了SD卡，并且应用程序具有读写SD卡的权限，可以使用如下代码：

Environment.getExternalStorageState().equals(Environment.MEDIA_MOUNTED)

此代码在手机已插入SD卡，且应用程序具有读写SD卡的能力时返回true。

3）调用Environment的getExternalStorageDirectory()方法来获取外部存储器SD卡的目录。

4）使用FileInputStream、FileeOutputSteam、FileReader或FileWriter读取SD卡里的文件。

假设界面上有一个按钮，单击后执行如下函数代码，则效果如图4-50所示。单击后将刚存入的文本通过toask显示出来，结果如图4-51所示。

```
public void sdclick() {
if(Environment.getExternalStorageState().equals(Environment.MEDIA_
MOUNTED))
        {
            String SDpath=Environment.getExternalStorageDirectory().getPath();
            File file=new File(SDpath+"//mytest.txt");
        try{
            if(!file.exists())
                file.createNewFile();
            byte[] content="这是写入文件的测试内容".getBytes();
            FileOutputStream fos=new FileOutputStream(file);
            fos.write(content);
            fos.close();
            FileInputStream fis=new FileInputStream(file);
        BufferedReader buf=new BufferedReader(new InputStreamReader(fis));
            String readcontent="";
            String readbuf="";
            while((readbuf=buf.readLine())!=null) {
                readcontent=readcontent+readbuf;
            }
            fis.close();
            Toast.makeText(getApplication(),
                    "从文件中读取的内容为:"+readcontent, 1).show();
```

项目4
开发移动应用程序

项目 1

项目 2

项目 3

项目 4

附录

参考文献

```
        }
        catch (Exception e) {
            Toast.makeText(getApplication(),"访问文件出错", 1).show();
        }
    }
}
```

3. MediaPlayer

Android提供了简单的API来播放音频、视频，下面介绍使用MediaPlayer播放SD卡的MP3音乐文件。

下面的语句定义了一个MediaPlayer播放器。

```
private MediaPlayer mediaPlayer;
```

有了播放器就需要装载相应的音乐文件，可以使用如下语句。

```
mediaPlayer.setDataSource("mnt/sdcard/jzl.mp3");
```

然后就可以使用下面两条语句播放音乐了。

```
mediaPlayer.prepaare();
mediaPlayer.start();
```

图4-50　SD卡测试界面

图4-51　SD卡测试toask提示

这里的start()方法是MediaPlayer提供的控制播放器的3个方法之一，这3个方法含义见表4-4。

表4-4　MediaPlayer方法及含义

MediaPlayer方法名称	含　义
start()	开始或恢复播放
stop()	停止播放
Pause()	暂停播放

如果要监听MediaPlayer播放过程中所发生的事件，可以绑定监听器，具体方法和含义见表4-5。

— 221 —

表4-5　MediaPlayer监听方法及含义

监 听 方 法	含 义
setOnCompletionListener	播放完成事件绑定方法
setOnErrorListener	播放错误事件绑定方法
setOnPreparedListener	调用prepare()方法时触发的监听器
setOnSeekCompleteListener	调用seek()方法时触发的监听器

任务拓展

为音乐播放器添加选择文件功能，并且增加播放列表功能，让用户可以通过选择文件添加到列表中，播放时按列表顺序播放音乐。

为手机开发一个简易视频播放器，能播放MP4视频文件，如图4-52所示。

使用Android的VideoView类来实现视频播放器，单击"装载"按钮，能打开SD卡上指定的视频文件，单击"播放"按钮时，开始播放视频，单击"暂停"按钮时，暂停播放视频。

图4-52　简易视频播放器

本项目由开发3个相互独立的手机应用程序组成，了解了Android的基本开发知识，学会了如何使用Android开发工具Android Studio，掌握了Android应用结构的组成，还掌握了Activity、Intent等Android常用组件，了解imageview、listview等常用控件的使用，了解读写SD卡的基本知识。